又自在，又美丽

YOU ZIZAI YOU MEILI

舒 雅◎著

中国华侨出版社

年少时，我们以为爱情是找一个值得依赖的人托付自己的一生，喜他所喜，爱他所爱，倾尽所有地爱，才是最值得歌颂的爱情。成熟后，我们才慢慢发现，美好的爱情并不是一个人依附另一个而生，而是两个已经坚强独立的人，历经磨合，努力走到一起，他们有各自的事业，有各自的个性，有各自的兴趣与习惯，不因另一个人的好恶而轻易改变，也不因另一个人的存在而转移自己生活的重心。独立，所以爱情是相持的；平等，所以爱情是轻松的；不同，所以爱情是有趣的。一段相持、轻松而有趣的亲密关系，才能持久。

而爱情也不过是一个人人生旅途中的一部分，更大部分的生活，我们是一个人在与全世界对接，独立的意义不仅仅在于拥有一段良好的亲密关系，更在于你能够不依附任何人而自由生存：能够一个人面对不完美的生活百态，并试着包容与接纳；能够一个人面对狼狈与为难，在并不体面的生活里保持体面；能够一个人在职场里打拼，并不一定拥有强大的事业，但这份工作足够充实你的生活，给予你能力的肯定。

如此，你可以不必再渴求从他人处获得安全感，不会再时时担心失去与被抛弃，也不会因为经济依附而削弱被尊重的权利。每个女人都一样，拥有掌控自己生活的能力，才能活得优雅自如，你可以时时宠爱自己，可以活得最像自己，并慢慢变成自己喜欢的样子。

生活偶尔会走入困局，青春年少或人到三十，都会有迷茫与失措，这本书写给所有渴望独立的好姑娘，不攀附，不将就，不别扭，不自欺，你也可以成为这样内心强大、气质优雅的女子。

目录
contents

后记

第一辑　有独立的自我，才有相爱的实力

"我对爱情的要求，就是找个男人照顾我爱我一辈子。"

"长期饭票难找啊。"

——《迷城》

你的美好，不是因为他，
是因为拥有了自己

我在会议室讲着接下来的销售预期，你匆匆忙忙跑进会议室，上气不接下气地说："对不起，对不起，下次不会了。"

这种话你已经说过三次了，我注意到你眼角的湿润，我想你可能又跟男朋友吵架了。

你刚刚大学毕业，在面试时你并不够优秀，长相也很普通，但我还是录用了你，因为我从你身上看到了曾经的自己，曾经的我如同你一样，执着于自己的心、执着于自己的爱，我觉得我应该给你一次机会，就如同当初的主管给了我一次机会。

可是，进入公司之后，你不如曾经的我努力，你说最近事情太多了，房东要涨房价、妈妈住院了、相处了三年的男朋友要跟自己谈分手……你说你快崩溃了。

我很同情你的遭遇，但是我需要你更加尊重我的工作，因为我明白工作才是我存在于这家公司的价值。我试图告诉你我的立场和观点，但你的表情似乎很不屑，甚至有些鄙夷我的冷血，你的眼神甚至在提醒我，对于你来说真爱是无上的，我于是保持了沉默，直到今天你三次迟到说着重复的话："对不起，对不起，下次不会了。"

你收到解雇通知书的时候落泪了，此刻，我知道你才是真正的崩溃了，你拿着解雇通知书来找我，你说再给你一次机会，可是你应该明白我已经给过你三次机会了。

你领着 N+1 的劳务赔偿走出了公司，我看着你捧着私人物件蹲在马路旁哭泣，完全不顾过往路人对你的看法，我知道你难过，我也很想过去帮你一把，但是我想有些忙只有你自己可以帮。

夜色朦胧，霓虹灯见证着城市的发展，我开着车经过一个又一个红绿灯，有时候看见三五成群的职场新人在公交站牌等公交，我会突然想起以前的自己，也会突然想起你。

成长是用一把利刃削去以往的稚嫩，刀刀见血，我知道现在的你连皮带肉都痛着。

临睡前我都会看看你的状态，这已然成为了一种习惯。

你搬家了，搬到一个只有 5 平米的房子，没有热水器，没有空调，只有一张单人床，每天需要爬 11 层楼，慢慢地，你说习惯了，此刻的你不再抱怨，而是耐心地浏览一个又一个网页寻找着适合自己的工作。

你跟男朋友分手了，搬家的时候你烧掉了关于他的一切，可是烧不掉你们之间的回忆，你说那一刻很痛苦，痛苦得快要窒息，你说你不知道该怎么办，不知道未来没有他的日子你该怎么活。在 5 平米的房子里你泪流成河，可是地球依旧在转动，太阳依旧东升西落，路人甲依旧对着路人乙在笑，慢慢地，你也学会了对别人微笑，原来，没有任何人，你依旧可以笑着活下去。

你妈妈去世了，我去参加了你妈妈的葬礼，我看见你在她的遗像前哭——歇斯底里，慢慢地你哭着哭着就不哭了，而是对着你妈妈的遗像说你一定会好好地活着、坚强地活着、快乐地活着。

我从你身上看到了成长就是一瞬间的事。

我返聘你回到公司，办公室里你在我面前痛哭流涕，我知道最近的你受了很多委屈，但是你选择了沉默，而是给了我一个拥抱，然后说了声"谢谢"，你走出办公室的时候在门口定了定神，擦了擦眼泪，然后微笑地走了出去。

你终于明白对于你来说什么是重要的，什么是不可少的，你开始独立、开始了新的生活。

两年后，你凭借自己的努力升职了，你不再是那个马路边哭泣的小姑娘，而是独立自信的小女人，你邀请我去了你的新家，虽然面积不算太大，但这里的每个平方都是属于你的，看着你布置得很温馨的家，我摸着你的脑袋说："这里缺少一个男人。"

你害羞地回答："不急。"

这两个字让我读出了你是好姑娘，好姑娘明白先谋生后谋爱。

后来你结婚了，婚礼上我看着你洋溢的笑容，我觉得"幸福"理所当然应该属于你，当你在追逐自我时，幸福在追逐你。

不必倾其所有地
爱一个人

好友毕业那年爱上了一个男孩儿，这个男孩儿是他们班的班长。

好友大四那年去上海实习，实习的公司是一家五百强企业，实习结束后对公司给的薪资待遇好友都十分满意，她兴高采烈地给班长打电话，电话的那头却告诉她，他被一家北京的公司录用了。

好友哭了，说好的一起努力呢？好友给我打电话的时候，连哭带说打了 5 个小时，"你说这人怎么这么不诚信，说好一起来上海工作，我来了他却去北京了，你说他这什么意思，说好的一起上班一起下班，一起买菜做饭，周末一起骑自行车环游上海……"电话这头的我已经困得不行了，好友终于挂了电话，我以为她就这么放弃了班长，谁知她再给我打电话的时候说她去了北京。

我去北京旅游的时候顺便去看她，她只是一个人住在七八平方米的房子里，我看着这一普普通通的两居室硬是隔出了七八间房子，好友选择了其中一个没有窗户的房间，她说没有窗户的房间会便宜 100 块钱。

北京的天很干燥，她开着加湿器敷着面膜问我："我是不是老了很多？"

好友算不得模特级别的美女，但清纯干净的模样总是能吸引路人多看上两眼，此时的她眼袋黑眼圈很严重，我是一个不说谎的人，但也不忍心让她难过，所以我选择了沉默。

我问她班长呢，好友忍住泪水没有落下来，她说班长因为工作性质需要时常在北京郊区，好几个月才回来一次，好友嘟嘟嘴骂了自己几句，无关后悔，只是痛恨自己没出息。

临睡前，我听见隔壁房间里传出男女上床的喘息声，好友捂住我的耳朵。那时我还在念大四，她凑近我的耳朵说她怀孕了，那一刻，我觉得隔壁的喘息声如刀剑般刺痛我的心。

我抱着好友，好友哭了。

陪她去医院的时候，我还不懂什么叫人流，只是看着她捂着肚子脸色苍白。

第二天，她辞职了，离开了北京。

两个月后，班长给我打电话，我不知道应不应该告诉他好友在哪里，所以我没接电话。

两年后，我回到成都，好友来接我的时候精神焕发，那时班长也在，两人领了结婚证。

结婚典礼上，好友喝醉了，那时的我还很木讷，不懂什么道理，也不懂得感悟人生，是她告诉了我：女人爱人首先爱己。

她说在她年幼无知的年纪，只想爱，用尽全身力气只想爱眼前的这个人，为了眼前的这个人，她可以去死。过了那个年幼无知的年纪，也只想爱，但要先爱自己。

那时我并没有很懂，虽然我也经历了一场恋爱，虽然毕业时也想奋不顾身随他去天涯海角，但终究是没有迈出那一步，不是我不愿意，而是他不肯，他说："跟着我不是你的人生，如果有一天我成功了，我会回来找你。"我真的就这么信了，所以我只身一人回了成都。

他成没成功我不知道，但有一点我是知道的，他并没有来找我。

在没有他的日子里，我没有爱别人，只有爱自己，所以能让自己过得舒适的一切我都愿意去尝试，比如让自己的薪资加一点再加一点，让自己去巴菲不再是一种奢望，给自己买一个一克拉的钻戒放在食指上，我开始满足没有他的日子。

真正明白好友那句话是在我自己的婚礼上，我找了一个我不是百分之百喜欢的男人，因为我明白我不需要百分之百喜欢他，因为我在爱上他之前先爱上了自己，他在，我愿意将自己生活中的点点滴滴都跟他分享，他不在，我可以将生活中的点点滴滴跟自己分享。

他很重要，但我更重要。

在无法供养爱情的年纪，
选择孤独

在认识我的老公时，我还认识一个男生和一个女生，男生是老公的室友，女生是好友的室友。

他们是在一场打赌中走在一起的。

一群男生喝酒聊美女，接着就聊感情史，其中一个男生尴尬了，都快大学毕业了还没交往过一个女朋友，这个男生感觉被嘲笑了，就和这群男生打赌，一周之内摆脱单身。

男生把电话打到了女生这里，女生很惊讶，他从来没给自己打过电话，只是惊讶了一会儿，就开始欣喜，欣喜之后就是意外的欣喜，男生跟自己表白了，女生没有一点心理准备，也没有招架住这种甜言蜜语，两人就这样在一起了。

这段感情只维持了一周就结束了，前一天还同床共枕，后一天就形同陌路。

五年后同学聚会，他没有娶，她没有嫁，两人又走在了一起。

我听老公说这段奇缘时觉得有些荒唐，但事实就摆在我眼前，由不得我不信。

因为男生是老公的室友，还是比较了解的。

大学那会儿寝室所有人都过得低调的奢靡。睡觉睡到自然醒，打游戏打到手软，搜罗各种甜言蜜语撩妹子，寝室的被子永远是散放在床上鼓起一个小包，袜子的酸臭气味只有寝室内部人员才受得了，泡面盒子放在阳台一排垒上又一排……

突然有一天，其中一个男生改变了，老公说他的改变简直就是在一瞬间，早上6点起床，背着电脑去自习室一坐就是一整天，这种改变持续了一年多，直到招聘会开始，他以10000元的薪资被华为录用了，紧接着第二年工资又翻了个番，有20000元，而且去了京东，5年后一个人拼搏买了豪宅，他的成就至今都是学院里的神话。

同学聚会没多久，女生成为这栋豪宅的女主人。

有人说女生太幸运了，有人说缘分真是一件奇妙的事，有人说他们太疯狂了，闪谈闪分又闪婚……

尽管很多人说，但她只是淡然地坐在别墅的花园里喝着咖啡逗着狗，她说她现在所拥有的一切都是理所应当的，因为她等了他6年，孤独了6年，默默了6年。

这6年，她一个人吃饭，一个人生活，一个人跑在上班的路上，偶尔从一对情侣身边跑过会傻傻地回头多看两眼，其实她不是不可以这样，而是她选择了不这样，她不相信朝朝暮暮，只相信天长地久。

"N年后，你若未娶，我若未嫁，我们就这样搭伙过一辈子吧！"这是她跟男生分手时说的一句话，看似承诺却不是承诺的一句话，她却厮守了6年，她不是不爱眼前的这个男孩儿，而是很爱，但是她想更好地很爱，若是在最应拼搏的年纪选择还没有能力供养的爱情，现实会很快击败这种选择。

孤独，是成长最快的方式，也是最容易遗忘记忆的方式。她明白，所以她放手，她愿意在这种孤独中彼此成长，彼此不辜负理应拼搏的年纪。

在这些孤独的岁月里，她说她的手机号一直没换过，她的手机里存放着他每个节日发过来的短信，总共521条，当收到第521条短信时，她才回一条短信："我们在一起吧！"在没有彼此的日子里，时间考验了他们的爱情，也给了他们彼此成长的空间，因为来之不易，所以备感珍惜。

婚礼上，男生曾说过一句话："感谢你2372天不在我身边。"我以为他说错了，原来是我错了，我低估了一个人——孤独的力量。

将就生活的人，
终会被生活将就

　　大学的一个室友跟男朋友相处了 10 年，这是我迄今为止听过的恋爱长跑里路程最远的。

　　室友跟男朋友初中认识，长达 5 年的朦胧恋情终于因为室友进入大学而抬到了地面，但最终没有升华为婚姻。

　　室友堪称"小乔"，大学里不乏追求者，但她只钟情于她的男朋友。她的大学充满了正能量，被子永远成豆腐块状放在床的一端，按时睡觉起床，三餐准时，有时间会泡图书馆，不出意外不会逃课，出了意外，一定是男朋友来找她了。

　　男朋友高中文化，没有考上大学，但家境不错，这也给了他朝三暮四的资本。

　　室友很爱他，她说从一开始认识就想嫁给他，于是我们全体总动员大摆造型起哄让男朋友娶她，室友洋洋洒洒说了只属于他们的回忆，单膝跪地将玫瑰花放在男朋友面前请求他娶她，但男朋友犹豫了，气氛陷入了尴尬，室友的泪水噙在眼里竭力不让它落下来，她站起身，抱着男朋友："没关系，如果没想好，我等你。"

　　大学毕业那阵，所有人都喝醉了，A 室友抢过室友的钱包，将她那男朋友的照片撕得粉碎，随手往天上一丢，室友看着撕碎的照片如雪花一般落下却不能如雪花一般融化，她说她想挣脱没有男朋友的命运，但她做不到，所以有他的生活，室友只剩下将就。

　　哈尔滨的冬天积雪有一尺之厚，温度达到零下 20 摄氏度，可就在那一天室友用一盆冷水从头顶往自己身上淋，刚浇下的水瞬间结成了冰，那一天她刚做完人流。

毕业后参加工作的忙忙碌碌，保研的还在持续原有的快乐。室友在保研当中，临走前，我看到她又把那张撕碎的照片粘好重新放回了钱夹中，因为男朋友说等她研究生毕业了，就会回来娶她。

室友的脸上其实写着不相信，但是她还是选择了等待。

因为工作的忙碌，大家许久都没有联系，突然有一天，室友发来请束，说她要结婚了，我问新郎是男朋友吗？她说是的。

我以为这是童话最好的结局，谁知是人生不幸的开始。

研究生毕业，室友来了成都，我请室友吃了饭，一起逛超市的时候我看到她钱夹里的照片不见了，放照片的位置空空如也。

我问男朋友呢？

她说离婚了。

晚上跟室友喝酒的时候，她带有讽刺的语气说："我真怀孕的时候，我跟他说他不信；我骗他我怀孕的时候，他就娶了我。我还告诉你一件事，我永远都不可能怀孕了……"

这话……算是"将就"理应付出的代价吗？

为了找工作，我陪室友去买几身衣服，在挑选衣服时，室友很挑剔，这完全不是她的风格，记得大学那会儿，室友最爱说，将就能吃，将就能睡，将就能穿，将就能看，将就能玩，将就……她的生活只有"将就"，连自己的婚姻也在"将就"中随意了。

看到她，我在想，如果生活中只剩下将就，将就去爱，将就去恨，将就生活，将就工作，将就一切，那么，是不是爱恨情仇也会把我们将就了？

室友找了一个不将就的工作，开始了不将就的生活，原本柔弱的外表平添了一份倔强与自信，她不再是那个别人说什么都回答"还行"的女孩儿，她开始明确自己的喜好，告知别人自己的底线，她会抬头直视阳光，然后对着阳光微笑。

几年后，她蜕变了。

因为不将就，生活开始重视她，给她一个蒸蒸日上的事业，给她一个完美无缺的男人，给她一个幸福美满的家庭，院子里，她跟着领养的孩子追着哈士奇，真心地笑，真心地美。

别联合世界
欺骗自己

毕业了，散伙饭上，一开始还玩着真心话大冒险，玩着玩着就只剩下真心话了，F同学是我的一个室友，轮到F同学时，她定了定神，然后一口气喝下一瓶酒，走到一个男生面前，正要开口说什么的时候，她刚咽下的一瓶酒就全吐了出来，吐了那个男生一脸。

在寝室散伙饭上，F同学说她暗恋了那个男生4年，说完就哭了。

青春不留遗憾是假的，F同学的这个遗憾最终埋葬在青春里了。

F同学去了北京，北京的车水马龙很快就淡化了那段纯纯的初恋。在朋友的介绍下，她去了一家不错的公司，只是工作相当繁重，每次接到她的电话不是在去公司的路上就是在去谈业务的路上，她慢慢从朋友圈里淡出了，谁也不知道她在忙什么，过年过节收到一条群发短信，然后就没了下文。

去北京出差的时候，我特意去看了她，约她出来喝了一杯。

或许是因为忙碌，她已经不太擅长言语，只是对着酒杯安静地喝着。

我突然提起当年她吐了喜欢男生一身的事，问她是不是故意的。

她沉默了很久，问我："如果大学那会儿，我表白了，是不是结局就不一样了？"

这件事已经过去四五年了，我提起是因为那个画面太具有喜感，拿出来调侃活跃气氛的，但她提起脸上却写满了凝重。

如果表白了，无非两种结局，被拒了或是被收了，如果没有表白，就是被自我拒了。

我虽然明白，但是对于她的陈年往事除了她自己谁也不敢妄下评论。

因为来得匆忙，我还没来得及定宾馆，于是选择去她家住了一宿。

那一宿，我们畅聊大学里的那点事，聊着聊着她起身从书架上取出一本看似杂志的东西，她打开后，我一看，原来这些都是用图片处理程序制作成册的杂志，难怪一向拮据的她在某一天毅然买了一个单反相机，而且常常随身携带，原来是为了某个人某件事，只可惜，那个人并不知道。

翻着翻着，F同学叹了口气："要是当初表白了就好了。"

我一直不明白F同学深究这件事的原因，直到我处理完出差事宜准备回成都的时候，F同学说，她要跟我一起走，我当时惊呆了，这里有她稳定的工作，有她的亲戚朋友，她为什么选择走？

她说她被拒了。

我以为她给暗恋的男生打电话表白了，然后被拒了。

她说她被公司拒了，她提出升职加薪被拒了。

F同学摇晃着酒杯里的红酒，看着北京的灯红酒绿，从桌子底下拿出一沓照片："你看，这些照片。"

我看着一张张照片，都是那个男同学，眼神都有一个共同点，看着镜头，这是不是意味着其实男同学知道F同学喜欢他？

"毕业那天，我是故意的。我厌恶他，当然，我也厌恶自己，如果当初我表白了，那么我就死心了，但我没有表白，所以我被'自欺欺人'深深伤害着。毕业了，工作了，我还是老样子，默默地干着，东奔西走做牛做马，我所做的公司不是看不到，而是假装看不到，可我还是自欺欺人地干着，不敢表明自己的心声。"

或许，这就是金牛座的爱情、金牛座的性格、金牛座的人生态度。

在定义一样东西的时候，我们往往会忽略一样东西，那就是改变，所以F同学改变了爱情、改变了性格、改变了人生态度。

一起回成都后，F同学找了一份是原来双倍薪资的工作，还找了一个她很爱的男人。一起喝下午茶的时候，她说是她表白的，她嘴角上扬，笑容洋溢着满满的幸福。

爱情会过期，
你不能过期

　　刚毕业那会儿，我和一个女孩儿合租，她总是穿着艳丽，清脆的高跟鞋声总是提醒着我她回来了或是她走了。

　　我们并没有太多交集，偶尔的碰面也是在厨房，彼此微微一笑，然后寒暄几句就各自回屋了。

　　我注意到她的妆容并不太自然，有着刻意为之的感觉，穿着高跟鞋走路的姿势也并不娴熟。

　　这个女孩儿会有一个习惯，每天拿回来一盒鱼罐头但又不吃，冰箱因为她的鱼罐头已经放不下任何其他东西了。

　　当她注意到这个问题的时候，她的脸色不太好，眼中噙着泪水。她安静地把一个个鱼罐头从冰箱里拿出，然后放在一个纸箱子里。

　　如此一个月又过去了，冰箱又满了，她又重复着同样的动作，连眼中噙着的泪水都是那么一致。

　　如此一个月又过去了，冰箱又满了……

　　这样的动作貌似重复了 12 次。

　　一年过去了，女孩儿说请我吃饭，我去了。

　　吃饭的席间，我听到她接了一个电话，然后就哭了，她说这一天是她的生日。

　　生日那天，我和女孩儿坐在客厅里面对面地喝酒，喝着喝着她就不喝了。女孩儿从房间里搬出那些鱼罐头，打开一罐吃一罐，吃了吐、吐了吃，直到眼泪弄花她的妆容。

　　我注意到这些鱼罐头的过期日期就在今天，满满 12 箱。

女孩儿说她有一个爱了两年的男朋友，已经到了谈婚论嫁的地步，可在领证，也是她生日那天，男朋友说他要去当兵，怕误了她的一生，还说若是一年没有回来就说明他永远都不会回来了。

这听起来很荒唐的理由，女孩儿选择了相信，即便她选择了相信，但上天还是跟她开了个玩笑，大街上，女孩儿看见男朋友挽着一个浓妆艳抹、身材高挑的女人走过了斑马线，他们相视一笑就如同曾经的她与男朋友的相视一笑，只是她不如那个女人艳丽，马路这边的她一路上觉得脚底空空的。

后来，她就变成了我刚认识的样子。

她说她不怕谎言，就是害怕有人戳穿谎言，就如现在一般，即便知道男朋友不会回来了，但她还是每天买一罐 5 月 1 号过期的鱼罐头。

她的爱情随着这 12 箱的鱼罐头一同过期了。

也许就是从那个时候我开始关注保质期，我发现每样东西都有它寿命殆尽的一天，又或者，有什么是没有保质期的呢？

女孩儿和那个给她打电话的男孩儿在一起了，可没过多久她又独自一个人了，走在马路上，她看到那个男孩儿和一个清秀的女孩儿在一起，她又褪去那层浓妆艳抹，那是我第一次看到她原本清秀的面庞。

她端在手中的酒杯随着她的眼泪打碎在地板上，她抱着自己的脑袋几近崩溃："你说这些男人心里想的是什么？"

我反问了一句："你心里想的是什么？"

女孩儿看着我先是一愣，然后泪如崩堤往外淌。

第二天，女孩儿褪去了过高的高跟鞋，穿着素雅，脸上挂着笑容出门了，那样的笑容里充满了自信。

后来，女孩儿从这里搬走了，说是跟老公去完成一场"说走就走"的婚礼。

再次见到这个女孩儿时候，她挺着肚子从小轿车里走出来，老公为她撑着一把太阳伞，眼神中充满了宠爱。

一起喝着下午茶，看着她圆润的身体，就像欣赏着她完美的人生，举手投足之间都写着"幸福"。

临走前，女孩儿给了我一个深情的拥抱："世界上只有一样东西不会过期，那就是自我，谢谢。"

看着远去的车，我踮起脚跟，我发现这样会离阳光近一点，连阳光打在身上的温度也比从前温暖，那一刻，我发现自己也很美。

最怕爱得卑微
又倔强

"如果你爱她，就对她说早安。"

这是一切误会的开始，也是一切痛苦的开始。

关于青春，我们或多或少暗恋过某个人；关于暗恋，我们或多或少因为某个人在角落默默哭泣过。

2008年春，朋友果果与朋友明德成为了无须桃园结义而可以歃血为盟的好朋友。

明德习惯性点开果果的通讯录，发了"早安"两个字，一指滑过终成恨。

果果欣喜，但只是欣喜。爱情的萌芽开始在心中发芽、开花，却迟迟不肯结果。

他们一如既往地登山、K歌、打网球，只是在果果眼中，他不再是哥们儿，她想牵他的手压马路，她想依着他的肩看日出，她想和他一起K情歌……

关于她想的那些种种，她小心翼翼记载着她的朦胧，在那个偌大的朋友圈里，她不点名不点姓，却只想写给一个人看、一个人听。

这种暧昧一直持续到汶川地震，她就在他身旁，他却穿过人群牵起了另一个女孩儿的手。

被人群挤到楼底的她看着他和他喜欢的她手牵着手，一颗炽热的心瞬间降到了冰点。

在他面前，她笑着；在他背后，她哭着。

她听说他们在一起了，她听说他们吵架了，她听说他们分手了……

在一起时，他把她放在不知何处；分手后，他想起了她。他诉说着关于他与另一个女生的纠纷，关于他与另一个女生的矛盾冲突。

她咬咬嘴唇，只是说道"关我毛事"。

那一刻，他惊住了，关于她，在他的印象中，是温柔的，是善解人意的，是招之即来呼之则去的。

背过身的她在他面前再也没转过身。

她在默默舔伤，他在苦苦挣扎，关于那些情谊，在失去的时候他才明了。

偶然一次，他打开手机，点开她的短信，他看到了"早安"两个字，原来那种惯性已然决定了他内心的想法，但是，他忽视了。

关于青春，我们是倔强的，倔强地不肯服输、不肯低头、不肯回望过去。

所以关于他的一切，她都不肯回首，把那些关于他的，关于她和他的，一一从朋友圈里删除，也删除了朋友圈里的他。

多年后的同学聚会，他们彼此牵着彼此的另一半，再次见面，唯有一句"你好"。

以前的果果会端着一杯咖啡，拿着一本书坐在角落，此时的她依然会选择角落坐下，但手中端的是一杯红酒。

关于过去，我知道她放下了，但没有释怀。

我端着红酒过去与她共饮，我们说了许多关于那些年少轻狂的往事，说着谁爱了谁、谁又伤害了谁、谁又抛弃了谁，说着说着我们一杯酒，一把泪。

当年，若是牵手，是不是结局就不一样了？

果果走了，明德张罗一切可以动用的关系寻找着遗失的美好，关于青春，我们总是喊着无悔，尽管光阴逝去，尽管泪光闪闪。

那段时间，明德远离城市的喧嚣，走到他们曾经"勾肩搭背"打球的网球场，踏过曾经一起的"翻山越岭"，到老地方唱动听的情歌，明德说，若是青春再现，愿相守不相离。

爱情放在卑微处，伤了她，或是伤了他？

不是所有自由
都值得歌颂

父母的爱情，奶奶之命，媒妁之言。

我们的爱情，缘分之命，婚姻之言。

"八零后"的时代，有太多的字眼儿去诠释，我已然找不出更好的字眼儿，但我想谈谈关于我们的爱情。

"自由"两个字眼儿彰显了"八零后"的个性，因为个性，我们从被关注到变得沉默。

是爱情错了，还是年代错了？

跟一个同事讨论这个问题的时候，我的脸上写满了忧伤，而她一脸的不屑。

她说，在快餐时代，爱情属于童话。

我想，正因为如此，《匆匆那年》才会潸然泪下。

兰遇到了萧，她遇到了初恋，也遇到了爱情。

正如所有的爱情，刚开始分分钟的分离都如同生死，纠结再三，一拥再拥。

兰给了萧房，给了萧车，给了萧工作，生怕房子住得不够舒适，车子开得不够大气，工作干得不如心意，她能给的她都给了，唯独没有给她自己。

跟兰喝下午茶的时候，她不如从前被爱情滋润着的那样容光焕发，她眼角的笑容有些闪着泪光，我没问她，她也没说。

直到分离时，她问我是不是得到了就不再被珍惜了。

我不知道该说些什么，因为伤痛可以一两句话诉尽，但不是一两句话就可以痊愈得了的。

正如预期那样，他们分手了。

当酒在酒杯中晃荡时，酒溅在了她的手上，继而她朝窗外扔掉了杯子，小别墅外还能听到玻璃破碎的声音，如同她的心碎。

关于小白脸的舆论和谴责实在太多，但在爱情的领域里，一个愿打，一个愿挨，怨不得别人。

关于爱情，是一个道不完、言不尽的话题，可谁能道明白、言清楚过？

我们鄙夷父母的爱情，却深深羡慕着，因为那是一个牵了手或许就会结婚的年代。

放逐自由，我们愈加迷茫，迷茫中婚嫁，迷茫中为柴米油盐四处奔波。偶然听到某个人爱了谁，某个人恨了谁，我们不屑地说骂着"矫情"。

我们愈发感慨爱情属于手里抓着面包或是属于年幼无知的，手里抓着面包的人可能因为爱情收获婚姻，年幼无知的人们只能在一次次落泪中走向平凡的柴米油盐。

有些人一辈子不懂爱情，却时时刻刻享受着爱情，比如我们的父母。

我们矫情于他不给她倒一杯水；我们矫情于他不给她做一顿饭；我们矫情于他不陪她看一场电影；我们矫情于他不陪她度一个周末……

我们感动于他给她倒了一杯热水；我们感动于他给她做了一顿热饭；我们感动于他陪她看了一部韩剧；我们感动于他陪她周游了世界……

他给老伴儿倒的水永远放在一个位置；他给老伴儿下的面条还是很难吃；他给老伴儿写了一本《回忆录》；他扶着老伴儿逛菜市场……

你跟老爷子谈爱情，老爷子会说你疯了。我们确实疯了，在自由的世界疯狂，却追逐不到曾经的美好。

爱情从来不属于现在，属于现在的叫感动。

爱情，两天一夜，昨天相拥是为了回忆，明天相拥是为了生死相依，那一夜，给生命赋予了责任。

有一种爱，
适合相忘于江湖

有一种爱不缓不急，悄无声息。

大学，有一种情结叫作老乡情结，这种情节很暖昧，可以一起欢笑，可以一起悲哀，但不会有人认为那是一种爱情。

所以苏的爱情明了于亮的婚礼上。

苏是很文静的女孩儿，长发飘飘，捧着一本书在微风中飞扬，她总是能激发起周遭人对美的向往。而亮就是那个油嘴滑舌、顽劣不恭的公子哥儿，穿梭于各大美女当中，但只是玩笑一下，便没有了下文。

因为同在异乡，又是同班同学的缘故，她身边的位置总是被他霸占着，教室、食堂、自习室……

那些纯真的甜美的回忆让我不免想到《匆匆那年》，方茴被回忆刺伤着，但她没有，因为老乡，所以关于那些回忆在时光轴上总是顺其自然着，直到毕业也没有太大的感觉。

毕业后，因为缘分，他们落脚于同一座城市的同一家公司，相见无话不谈，关于校园里的青涩他们总是乐此不疲地玩笑着。

工作的忙碌冷淡了彼此，也不如曾经的相谈甚欢，每一次的问候都如同一个爆炸性的新闻，比如他与某人相爱了，他与某人见双方父母了，他与某人订婚了，他与某人要结婚了。

她还单着，没有太大的变化与起伏，但那一刻不知道为什么她的心很堵，堵得眼泪不由自主滑下来。

她从衣橱里翻出那条鲜红色的长裙，习惯白色系的她从来没有穿过那条红裙，尽管亮送给她已很多年了。

请柬如期而至，只是比预想的要快一些。

婚礼上，新郎和新娘彼此宣誓时，新郎看了看观众席上的她，那一刻，新郎才明白自己心之所属，抛下一堆亲戚和朋友，拉着她进入了童话般幸福的生活。

熟悉的电视情节浮现在眼前，但生活不是电视剧，所以她依旧没有穿那条红裙，而是放在触手不及的地方，就如同苏把爱情放在心脏的右岸，留着左岸去放那个与她携手一辈子的那个人。

婚礼上，苏依旧穿着白色系的衣服，端着酒杯献上美美的祝福，尽管几杯下肚后，她一个人在无人的楼顶上默默哭泣。

苏结婚了，在她的婚礼上，她身着一身鲜红的长裙端庄地敬酒，只是此长裙非彼长裙。

当敬到亮时，苏与他相视一笑，然后给了彼此一个拥抱，最后又各自挽着自己的伴侣。

也许这不是最好的结局，但这是谁都不会受伤的结局。

道理放在人性面前有些苍白，尽管不再是年少轻狂的我也依然不太理解苏，我自私地认为爱情虽来得后知后觉，但好过从来没来，毕竟一生相依的人总是希望拽在手里"折磨"一辈子的。

当我发出这些疑问时，苏只是很淡然地听着柔和的音乐，翻着书，看着她平和的心情，我也慢慢融入了音乐中，随手拿出一本杂志，欣赏着杂志中的"青山绿水"，慢慢地我忘记了那些庸人自扰的疑问。

"他爱，我不在；我爱，他不在。"

"他爱我，不在；我爱他，不在。"

这是苏说的两句话，没有什么道理，但我特别想哭。

我们习惯把某些人、某些事放在心底，希望岁月将他们沉淀，沉淀成碎末之后随风飘散，最好了无痕迹。

我想苏是聪明的，当爱情摆渡到右岸时，它也只适合放在心的右岸，因为任岁月的刺伤也伤及不到性命。

左岸——留给那个与你携手一生的人，因为他值得拥有。

如果青春有如果

一生经历一次的青春，目的只是听一次花开的声音，看一次花落的寂然，然后散场。

散场后的我们将何去何从？

再不疯狂我们就老了，所以谈一段轰轰烈烈的爱情，逃课去街头为歌而狂，成绩单上挂一串红灯……

我们用着疯狂祭奠着青春，可青春祭奠了谁？

2012 年夏，筱大学毕业，放弃了家里为她安排的工作，一个人背着行囊独自北漂，因为成绩上的红灯只能拿着微薄的薪水，干着端茶倒水的工作。

2013 年冬，筱有了男朋友，听着男朋友的甜言蜜语，住在 5 平米的房子里，跟着男朋友在烟雾缭绕中打着扑克。

2014 年春，筱知道北京有个大厦叫作国贸，有种咖啡叫猫屎咖啡，Joy 是一种香水的名字，同事拎的包叫古驰……

2015 年秋，筱忍受不了只是在国贸拍照留念，喝着速溶咖啡，喷着劣质的香水，背着路边摊的皮包……所以，分手了。

2016 年初，公司裁员，业绩并不突出的她被开除了，寻寻觅觅几家公司，因为技术面试不过关，她只能拿着应届生的工资，一气之下的她离开了北京回到成都。

同学聚会，彼此发着名片，筱看着名片上的字眼儿以及她们身侧的男朋友，她落下了悔恨的眼泪。

如果，虽然没有如果，但我还是不由自主地"蒙太奇"了一次。

大学，把"疯狂"降低一个等级，自由但不放荡。谈一段顺其自然的爱情，逃课培养一个生存的技能，成绩单上一片绿……

抛弃祭奠青春的想法，踏踏实实做着自己喜欢的事情。

2012 年夏，筱大学毕业，放弃了家里安排的工作，一个人背着行囊独自北漂，因为凑合的成绩单和还不错的技能，她拿着一般的薪水，干着有技术含量的工作。

2013 年冬，筱找了一个志同道合的男朋友，住在 5 平米的房子里，虽然他不是很优秀但有着上进心和责任心，周末一起学习共同进步。

2014 年春，筱升职了，在朋友圈中她知道北京有个大厦叫作国贸，有种咖啡叫猫屎咖啡，Joy 是一种香水的名字，同事拎的包叫古驰……虽然还没有能力过上喷着 Joy 拎着古驰逛着国贸喝着猫屎咖啡的生活，但拿着奖金买一瓶香水犒劳自己并不是太大的问题。

2015 年秋，筱被猎头挖走，拿着翻了一番的工资抓着男朋友去国贸点一杯猫屎咖啡津津乐道谈着对未来的规划，买一个不大不小的房子，够住就行；举办一个不大不小的婚礼，人到就行；买一个不大不小的钻戒，戴上就行……

2016 年初，因为定居回到成都，凭借能力找到一个不错的工作，开始执行他们的规划。

同学聚会，彼此发着名片，自己也融入其中，相谈甚欢。

虽然没有如果，我还是不断地设想这样的"如果"，因为有着相同的经历，所以备感惋惜，但我很庆幸，我是选择"如果"活了五年。

我们总说青春匆匆，再不疯狂就老了。没错，青春是匆匆，我们努力疯狂只是为了祭奠青春，可正因为青春匆匆，青春记得住了谁，青春又祭奠了谁？

第二辑 在不完美的生活里，不慌不忙地坚强

　　泛彼柏舟，亦泛其流。耿耿不寐，如有隐忧。微我无酒，以敖以游。

　　我心匪鉴，不可以茹。亦有兄弟，不可以据。薄言往愬，逢彼之怒。

　　我心匪石，不可转也。我心匪席，不可卷也。威仪棣棣，不可选也。

　　忧心悄悄，愠于群小。觏闵既多，受侮不少。静言思之，寤辟有摽。

　　日居月诸，胡迭而微？心之忧矣，如匪浣衣。静言思之，不能奋飞。

——《诗经·柏舟》

安静的姑娘，
有一种力量

　　大学时，一个女孩儿总是很难引起人注意，因为她总是毫不改变地坐在同一个位置，这个位置也毫不改变地处在第三排的最左边。

　　注意到她是因为一次偶然，这个偶然让我发现她的腿脚不便，而且身材也不高。

　　后来，我注意到她总是第一个到教室，最后一个离开教室，所以她才显得默默无闻。我发现她没有男朋友，也没有女朋友，一个人颠簸，一个人在路上，

　　又是一个偶然的机会，我们"同居"了。那年暑假，我没有回家，她也没有回家，学校方便集中管理，将留校的学生暂时合寝。

　　她没有太多的话，与她相伴的日子里只有书，偶尔的抬头也只是看看窗外的天空。

　　偶然，很偶然，她不在，我接了一个打给她的电话，从前言不搭后语中拼凑出了她父亲车祸去世了。

　　当我将这个消息告诉她时，她只是淡定地向我借了2000块钱买了机票，买完机票后接着一路颠簸，一路无言。

　　处理完后事，她落下了泪。夕阳下，她矮小的身躯被拉得很长，那一刻，我觉得她并不矮，更或者说她其实很高大。

　　毕业时，当我们矫情于爱恨情仇时，她却在四处奔波于生活，生活不等同于电视剧，她也并不像励志故事当中的主人公一般凭借能力获得一个不错的工作，然后一路走好，她的矮小注定了她需要比别人更努力，她的残疾注定了她不仅依靠双脚走路，也需要依靠双手奔跑。

在我们都找到工作的时候，她只是得到了一个实习的机会，对这个实习的机会，她痛哭流涕，充满感激。

再次见到她的时候，她没有我想象当中的"成功励志"，而只是处在温饱的边缘，依旧没有男朋友，也没有女朋友。

她没有时间去思考人生的公平或是不公平，在极度悲痛欲绝时，只是悲痛欲绝地哭着，狠狠地哭，狠狠地脆弱，狠狠脆弱之后又重归于坚强。

三年后，工作的稳定让我晒朋友圈时不至于太寒酸，但关于她，我会偶然想起，也会偶然忘记，因为在朋友圈里的她悄无声息。

她来成都出差的时候我接待了她，她一如往昔，只是脸上写满了沉淀后的安静，关于生活中的种种，似乎动的是生活，而她，只是安静地过着生活。

生活从来对得起每一个人，因为态度决定生活。

女孩儿结婚的消息不胫而走，有人惊喜，有人惊讶，有人唏嘘，有人嘲笑……

不管"有人"抱着什么样的态度观望，那也只是在她的生活外，幸福——从来没有规定谁不能追逐。

婚姻和家庭对于一个女人来说是至关重要的，更或者说是女人幸福的最佳体现，她懂，所以她倍加珍惜。

在那些或咸或淡的日子里，她总是安静地对待周遭的一切，安静地工作，安静地生活。

有了孩子的她脸上呈现着安静的笑容，她安静地享受着生活带给她的一切，哪怕只是一寸阳光，都能让她备感欢喜。

看着她在阳台上打理着她的花花草草，原本浮躁的心情瞬间宁静了下来，因为岁月的沉淀，那种悠然自得、安静自若的韵味自内向外散发着，不经意间感染着身边的每一个人，就如同阳光，虽不言语，但备感温馨。

生活，不免跌跌撞撞、身心受伤，而那些伤疤放在岁月轴上，不过是最安静的坚强。

态度才是生活的真谛

婚后不久的我接待了一个小我三届的小师妹。

她满眼好奇地看着这一座新城市，或喜或忧，喜的是将在这座城市扎根，充满新奇，忧的是如何在这座城市扎根，未来迷茫。

当她踏进我的新房时，满脸的羡慕，我承认在这样的都市有着这样一套定居之所算是小小的成功者，所以我并不意外于她的羡慕。

吃饭时，小师妹有口无心说着："等以后我有了这样的房子，我也会像师姐一样打理完美。"

房子用"打理"两个字让我的心头微微一颤，我甚至理解为"打理"生活，而不是"打理"房子。

为她安排好住所后，她开始奔波于她的生活，而我不由自主地想起曾经那个年少无知的自己。

大学时代的自己并不是那种温文尔雅的女子，也不是外表粗犷、内心细腻的女子，而是一个邋遢到极致的疯丫头。

寝室属于自己的那一片空地总是夹杂着泡面和臭袜子的味道，所有能陈列的物品总是毫无章法地堆放在一起，有一次，在课堂演讲台上从课本中翻出一只找了许久的袜子，全班的哄笑声让我恨不得从人间蒸发。

室友曾三番五次提点我，但一番励志后又抛之脑后，最后干脆放弃治疗。

现在。

开车经过小师妹楼下时，我特意上去坐了一会儿。

进门时，不好的气味传入鼻中，偏头看到锅碗瓢盆杂乱无章，盘中的剩菜已有了发酵的味道。

小师妹嘴里不断解释着"最近太忙"。

刚毕业时，我也用着同样的借口为自己的懒散辩解着，说着说着连自己都不愿意相信了，即便不相信，但有些事已然成为了惯性。

这种惯性刹车在一次同事辞职。

同事的辞职属于一场误会，但她没有过多地解释，只是表情淡定，安然如昨日。

我与同事同一天进的公司，谈不上相濡以沫，但也是相互扶持，我惊讶于她的能力，也怜惜她的运气，她总是与升职失之交臂，工资与她的能力也并不相宜，她所拥有的，一直是她努力得来的，她说她没有太多的运气，只能靠点滴的努力。

同事的离开让我略感失落，忙里偷闲找到了她的住所，这里如海市蜃楼般屹立于沙漠之中——荒凉至极。

踏至同事家中，她正忙于打理她的花花草草。

我心微微颤，她曾经说的，原来她一直在做。

对于毕业不久的大学生，理想的房子是在公司旁，有超市，有菜市场，最好还有一个小吃街，商场就在步行不到 500 米的范围内，这样的房子存在，但是很小且贵。

同事的理想房子却是有着一个大大的生活阳台，因为这样的生活阳台可以为她提供花花草草，而她在打理这些花花草草的时候就如同打理着她的生活。

当同事说这些话的时候，我觉得那样的阳台属于生活的奢侈品。

同事住在郊区。为了满足她想要的生活，她需要比我们早起两个小时颠簸在去公司的路上；为了满足她想要的生活，她需要做着每一餐饭来省出昂贵的房租；为了满足她想要的生活，她需要更努力地面对她的每一份工作。

生活，似乎从来不曾亏欠我们，相反，是我们亏欠了生活。

看着同事打理的家，"温馨"二字难以言尽我的感受，"态度"才是生活的真谛。

　　我们总是误以为生活给了我们什么，我们再以什么样的态度回馈于我们的生活，殊不知，我们的态度才决定了我们的生活。

　　住在 10 平米里懒散的我们却时常幻想着住在 100 平米里勤劳的另一个自己，想起来荒唐，但我们却惯性地这样做着。

　　我现在拥有的绝不是生活馈赠的，而是我一直以这样的态度过着我想要的。

　　看着如出一辙的小师妹，看着我们一样经历的"苟且"，我启发着她，也回顾于自己，度过眼前的苟且，才会有诗和远方，你以什么样的态度面对眼前的"苟且"，你就会以什么样的态度面对"诗和远方"。

不必做个时时逞强的姑娘

倩患了轻度抑郁症。

倩是我的一个大学同学，我并不太喜欢她，因为她总是游刃于一群男生当中，那些关系暧昧且不清。

毕业那年，我们奔波于人才市场，她却凭借"天生丽质"有了一个不错的工作。

我们一边感慨于命运不公，一边奔波于生活。

毕业后，生计让我们淡忘了许多那些关于"羡慕忌妒恨"，只因生活。

倩辞职了，因为"天生丽质"，她干着没有太多技术含量的工作，久而久之在公司里便没有了存在的价值。

倩奔波于几个城市，因为没有技术能力的支撑，只能做着类似"前台"性质的工作，没几个月，倩又辞职了。

倩找到我时，脸色并没有我想象的那么好，但她还是用化妆品努力地掩饰着。

在与她同住的那些日子，我发现她总是听着心灵广播入睡，那些关于失落、励志、拨动心弦的东西如同安眠药一般，她对比产生了深深的依赖。

出于同情，我把她介绍给了朋友的一家公司。

起初，倩还是兴致勃勃，但关于那些习惯，一成不变，尤其是在职场或是生活中不如意时，这种习惯如同药剂一般加深了，有时甚至一听就是一个通宵。

生活并没有像这些励志文中所说的那样豁然开朗，而是越来越糟，她开始抑郁，神经衰弱，开始怀疑自己的能力，甚至开始怀疑自己的人生。

倩患上轻度抑郁症的时候，我陪她去了医院。她徘徊在医院门口，久久不肯进去，关于那些不想说的，她终究还是吐出了口。

关于爱情，有多甜蜜就有多大的伤害。

倩就是在这种伤害下患上了肿瘤。

分手后，她以为她是坚强的，所以她随处都表现出她的坚强，以一种自认为"无所谓"的态度去面对那些她假想出看她笑话的那些人，殊不知，摔倒了，只有摔倒的那个人会记得，那些围观的人不过是继续着他们的生活。

所以，她努力将她的伤痛掩埋，用各种方式证明着她的"无所谓"和坚强，哪怕是游刃于一群男生当中，暧昧且不清。

工作了，这种"逞强"让她茫然于理想和现实；这种"逞强"让她的执着痛苦且难熬。她努力想做到最好，但她的状态永远跟不上。

医生劝她辞职。

辞职后的她先是茫然了一段时间，那些广播反复地听也听出了免疫力，于是，她想出去走走，去看看外面的世界，去接触外面形形色色的人。

她终于释放了自己。

等再次见到她的时候，她的妆容淡雅，没有厚厚的粉底，也没有画出来的"浓眉大眼"，一切看起来都那么自然。

我留意到她手上的疤已然痊愈，没有一丝痕迹。

在她出走之前，她总是惯性地去撕手上的伤疤，她反复地撕，那个伤口反复地溃疡，当她将那个伤疤搁置时，时间为她疗了伤。

随着时间的推移，她的抑郁症好了，想睡的时候自然睡，不再依赖励志文而眠，想醒的时候自然醒，醒来之后笑着迎接阳光。

当把伤痛搁浅后，她以最好的面貌面对她的新工作，真挚的笑容在工作中所起的作用正是真挚的态度在工作中所起的作用。

喜怒哀乐存在之于人世间，自有它存在的道理。累了，休息一会儿；困了，小睡一会儿；痛了，大哭一会儿……其实没什么大不了，只是别让时间勉强。

没人逼着我们必须坚强，时间会为我们疗伤。

世俗之外，没有桃花源，
你也还是你

刚入职时，我认识了一个女孩儿，女孩儿很优秀，因为她的关系，我们组评优去了趟大理。

我们一路疯狂，她一路忧伤。

离开大理前一晚，她递给我一封辞职信，她说她不回去了。

我以为她被大理的春暖花开挽住了脚步，但看着她眼中的泪花，我放弃了自己的猜想，这样的泪应该属于某个人或某件事。

月光下，她一边撒下骨灰，一边告诉我关于她和她的"他"的故事。

半年前，她的"他"车祸去世了，那一刻对于她来说世界简直崩溃了，她浑浑噩噩地过着她的人生，用加班充斥着她的生活，她在赞扬声中步步高升，却从来没有快意地笑过。

大理——不知是一种偶然还是一种必然——她来了，就再也不想走了，她将随身携带的一把骨灰撒在这里，她要和她的"他"在这里定居了。

临走前，我想说点什么，但刚张开的嘴又闭上了，关于痛苦，不是她自己谁也没有发言权，因为谁也无法达到感同身受的地步。

在车水马龙中看着霓虹灯，忙忙碌碌当中我有点怀念那一日的大理，也有点想念那个大理的女孩儿。

我做出了入职以来最疯狂的动作，关掉手机，背着双肩包，一路向西。

一路上，我幻想着我的余生。望着星空而眠，迎着日光而醒，没有城市的喧嚣，走在林间小道，在竹林小屋点一杯咖啡，听耳边旋律悠扬，翻开扉页细读别人的人生，累了，和几个"驴友"畅聊。

我觉得人生就应该这样，所以我义无反顾地走了。

颠沛流离之中，我遇到了那个女孩儿，她曾经点燃我的梦想，此刻她也毁了我的梦想。

走进她的房间，她惺忪的表情在告诉我，我侵扰了她的美梦，但滴答的时针却指在两点的位置，窗外的阳光一直很明媚，但我闻见的或是听见的并非是鸟语花香，而是放了不知多少日的脏衣服和油腻腻的快餐盒子。

三两分钟后，一群不知从何处而来、也不知去往何处的人蜂拥而至，烟酒气味熏天，扑克掷地有声，曾经那个活得至情至性、不食人间烟火的女孩儿如今真的活在人间烟火之外吗？

我背着行囊走在大理，看着不一样的灯红酒绿，这样的灯光渐欲迷人眼，我突然在想，我想要的在大理，还是只是逃避在大理？

临走前，女孩儿来送我，从她的眼神中我看出她后悔了，后悔抛下一切只是为了心中的执念，或许她懂得时间会治愈所有的伤痛、会淡化所有的不好，但她输了，输给了时间。

如今，她被生活抛弃了，被抛在世俗之外，她或许如愿以偿了，如愿以偿地活在了世俗之外，但此刻，她难过了。

回到工作岗位，我开始接纳生活赋予我的一切。

几年后，女孩儿回到工作岗位的时候，我成为了她的上司。

关于大理，成为了她口中的禁题，为了逃避一个伤口，她划破了一个更大的伤口，但最终依旧回归于现实，生活就是一边受伤一边成长。

或许每个人心中都有一个"大理"，但你需要的不是大理，而是生活。

历经所有不幸，
万幸你懂释怀

窗里窗外，云去云来。

每日面对的"诗意"，今日停下脚步，却有颇多的感慨。

如果将时间作为横轴，人生作为纵轴，将人生的大起大落放在坐标的某个点，那些大起大落的点会随着时间的推移愈加平缓，变得不是人生，而是对待人生的态度。

大部分人经历着相同的经历——呱呱坠地、寒窗苦读、成家立业、儿孙满堂、闭目仙去，不一样的是那些成长老去的细节。

就如同"窗里窗外，云去云来"。

杏是我遇到最不幸的人，也是最幸福的人。

杏是被遗弃的孩子，有着自生自灭的命运，吃着百家饭，穿着百家衣，用着百家钱。

步入校园的她一直在凭借双手完成自己的学业，忙碌的她一直没有太多的言语，朋友圈里也没有她的名字。

毕业答辩时，我们才意识到杏的存在。

因为她的精彩答辩，她提前被外企录用了。

一喜一悲总是同时融合在她的生活中，刚被外企录用，她的亲生母亲找到了她，她责备了母亲的狠心，痛斥了母亲的不负责任，但看到母亲半身不遂，痛哭之后，放弃了那个"遥远"的外企，她成为了无业游民。

为了照顾母亲，她放弃了工作；为了安然度日，她选择了写作。

玩过文字的作者都知道这条路的艰辛，"文"沉大海的事屡见不鲜，一个个不眠不休累计的心血放在别人眼中可能一文不值，就是在这种打击与自我鼓励的反复循环中，她挺了过来，4 年，1460 个夜晚，她才收获了属于她的第一份成功。

伴随着这份成功，当她准备参加记者会的时候，她的母亲去世了，来不及欢喜，也来不及去收获这份欢喜，她在有条不紊中安排了母亲的后事。

后事结束了，她的记者会也结束了。

在职场生涯中，她空白了四年，等再去参加工作时，公司拒绝了她。

在无路可走时，她只能挑灯写作。

在"无路可走"的那些岁月，我时常感叹于她错过的那些的"小甜蜜"。十八九怀揣着梦想去看看海，二十出头谈一场轰轰烈烈的恋爱，毕业找一份工作去奢侈自己想要的生活，"男大当婚，女大当嫁"的年纪找一个人搭伙过日子——聊聊天，吵吵架……

她在这张桌子上努力活下去，却在这张桌子上默默死去。

当她拿着那张癌症病历时，没有哭泣，只有眼泪。

她烧掉了那些心血，就如同它们从来没有存在过。

关于葬礼，没有太多的仪式，只是按照她的要求火化，然后让骨灰随风散去。

在整理她的遗物时，空空如也，连那张她待过时间最长的桌子都不属于她。

窗外白云飘飘，当我坐在那张靠窗的桌子上去体会一个不公平的人生时，我以为我是愤怒的或是惋惜的，没想到的感受却是释然的。

不管多少岁，都抱着 22 岁的心情面对周遭的一切，这个岁月刚刚好，褪去了稚嫩，也没有太多的成熟，淡然却不落俗。

杏看着窗里窗外、云去云来，坦然面对着她并不完整的人生，默默不为人知，默默如不曾存在过，留下的也只有那窗里窗外、云去云来。

人生，
从内打破便是成长

刘墉说："成长是一种美丽的疼痛。"

很偶然的机会，我看到了生命的蜕变，当这个生命冲破枷锁，飞到我的掌心时，那种微热足以让我改变对生命的看法。

春风和暖，徒步于山林间，与一只毛毛虫邂逅，那短暂的邂逅——或是不留神，或是赶往山峰的脚步太快，我想那一瞬就注定了生离死别，作为生物界的弱者，活下来或许就是一种奇迹。

当我与它邂逅，我可能是它的威胁者，但它仍不慌不忙走在生命应有的轨迹，没有一丝焦虑。

鸡蛋从外头打破是食物，从内里打破是生命。

人生从外头打破是压力，从内里打破是成长。

所以它作茧自缚，或许它可笑，或许它不为人所理解，但它选择了安静地承受，不顾左右，只为那翩翩起舞的一刻。

待到山花烂漫时，翩翩起舞于山林间，俯瞰天下。

曾听过一只毛毛虫过河的故事。

河水时而潺潺，时而汹涌，独木桥横跨河水，我们姑且不论毛毛虫用尽毕生光阴能否残喘过桥，只论若是汹涌澎湃时，能否保全性命。

如你所想，它选择了破茧成蝶。在茧中，它需要不吃不喝、暗无天日，唯一能支撑它的只有一个信念，那就是破茧成蝶、翩翩过河。

生命如它，成长就是伴随着蜕变，而疼与痛是蜕变应有的代价。

在纷扰的世界，有些人或许不劳而获地成功了，但那只属于"有些人"，而不是所有人，而大部分人凭借的还是自身的努力和坚持，不出意外，你可能属于那"大部分人"。

每个人或多或少都有着毛毛虫的影子，或是某件事，或是生命的某个阶段，但并不是每个人都能把这种"毛毛虫"精神发挥到极致。

我不由自主地想到一个人，我不知道这个人现在怎么样，但她曾经辉煌过。

高考复读那年，我对一个女生印象十分深刻，因为她永远坐在同一个位置，而且是很吸粉笔灰的第一排。

她所学的知识几乎都是靠双耳和双手，因为黑板的反光，即便抬头也一无所获。

月考成绩下来后，虽然成绩不是很突出，但她还是坐在了那里。

真正引起人注意的是在上学期期末考试，她考入了年级前 50 名，这意味着她有着进入一流大学的资格，她可以要求教师换一个好一点的位置，但她还是坐在了那里。

这次考试后，才有人注意到她，因为教室里的座位变化无常，而只有她的定格在那里。

此刻，让我联想到她就是那只作茧自缚的毛毛虫，只为高考那一瞬的翩翩起舞。

站在高考的角度，她成功了，她以第八名的成绩去了浙江大学。

虽然她不足够励志，但她足够真实，也是我迄今为止遇到最有毛毛虫性格的女生，关于她，关于她的容颜，我或许已经忘却，但关于那件事，我却记忆犹新。

生命如她，成长就是从内打破的安静，没有太多的喧嚣，没有太多的抱怨，或许疼，或许痛，但那是成长应有的美丽。

如果你也是
"后悔小姐"

　　我遇到过"后悔小姐"，因为她总是活在后悔的情绪中，所以她的生活节奏总是慢我们半拍。

　　在大多数人的青春中，或多或少谈过一两次恋爱，但她没有，不是因为立志成才，不想落俗，而是真的慢半拍。

　　"后悔小姐"曾告诉我们关于她的风流韵事。

　　大雪纷飞的夜晚，朋友甲问"后悔小姐"："冷吗？"

　　"后悔小姐"如实点头，但又想起室友的告诫——女生要矜持，紧接着又摇摇头，朋友甲傻了，但还是脱下外套，里面只有一件衬衣。

　　"后悔小姐"一直在纠结于那些关于"点头"和"摇头"之间的事，后悔真不应该点头的。话说因为这个小小的举动，"后悔小姐"一直在懊恼，根本没听进去朋友甲说了些什么，隐隐约约不太确定听到朋友甲提议去咖啡厅坐坐，"后悔小姐"下意识地摇摇头，没有经过大脑思考。"后悔小姐"又后悔不已，从朋友甲冻紫的嘴唇来看，提议去咖啡厅不过是想取取暖，顺便聊天谈心。

　　"后悔小姐"又陷入了后悔之中，关于接下来的话题没有太多的反应，朋友甲只能欲哭无泪回了寝室。

　　从此，就没有然后了。

　　诸如此类的事情很多，比如毕业面试时，面试官问："你为什么选择这份工作？"

　　这个问题与专业无关，"后悔小姐"说，她用了一个月的时间准备各种专业问题，这问题不在她的准备范围之内，她沉默了很久，表情木讷，最后很现实地说了一句："专业对口，为了生活。"

其实，这个答案虽然不够华丽，但足够现实，作为面试官不存在加分或是减分，但"后悔小姐"因为这个问题前思后想，后悔自己没有准备非专业的问题，这个看似无足轻重的小事却影响了整个发挥水平，最后也只能以失败告终。

"后悔小姐"成绩优异，但只是成绩优异，所以尽管拼搏了四年，她还是跟我们一样被一般的企业录用，最后还是在一般的企业里混着。

入职以后，她依旧保持着她惯有的水平，小心翼翼做着每件事，害怕出错，一旦出现小插曲，情绪便定位在后悔之中。

关于那些木讷的表情，关于那些木讷的事情，听的人不过哈哈大笑，一笑了之，而说的人欲哭无泪。

"后悔小姐"找过心理医生，但关于后悔，它只是一种情绪，不是一种疾病，心理医生只能表示摊手，无能为力。

通常有后悔情节的人也有着怯懦的性格。

"后悔小姐"总是怯懦于在公共场合发表演讲，怯懦于与人打交道时不敢直视对方的眼睛，怯懦于不敢抓住任何一个表现自己的机会……

所以在校友会上，她默默坐在角落看着小有成就的我们，此刻，她意识到，她最应该后悔的是拥有后悔情绪，因为这样的情绪，她耗掉了她的青春、耗掉了她的机会、耗掉了她的精神。

红酒晃荡在酒杯，她一口饮下，关于过往，沉淀下来的若不是美好，那就摒弃，没必要耗费精神去后悔。

"后悔小姐"放弃了现有的工作，开启了生活新篇章，不夹杂情绪，不钻牛角尖，有时间旅游、购物，让生活比昨天好，好一点，再好一点。

放手，
成全自己的碧海蓝天

过年走亲戚时，遇到亲戚的一个朋友晔，因为聊得来就多聊了几句。

关于晔，我从婆婆那里听说过，是苦情悲剧的代表。

在芳华正茂时，晔跟了一个穷小子，因为没有经济基础就没有办婚礼，也没有领结婚证，但两人有了一个孩子，孩子一直由晔的母亲带着的。

晔奔前跑后，主内主外，在那段窘迫的时光中，唯一支撑她的就是她幻想的未来，居有定所，车往来不息，婚纱捧花，笑容洋溢。

岁月不辜负奔跑在路上的孩子，创业的路上或跌或倒、或亏或损，但生命会存在转折点，那些跌倒、亏损的日子终于熬到了尽头，穷日子也终于熬到了尽头。

他们熬出了房、熬出了车，但也熬淡了感情。曾经幻想的未来终究与她无缘，没有婚礼、没有捧花、没有笑容、没有车房，这些都属于了另一个女人。

用尽青春韶华不过是为别人做了嫁衣裳，任何一个女人都是无法接受的，晔也无法接受。

她曾想过玉石俱焚，想过那些"我不好过，你也不好过"的话，想过一瓶敌敌畏结束这不堪的一生……

关于那些不甘心，她何曾好受过，借酒消愁不过是愁更愁，在那些不堪回首的日子，拉她回头的是身边这个孩子，孩子的眼神告诉她，他也是无辜的受害者，只是在那个懵懂的年纪，他还不懂，还没来得及体会这无辜的伤害。

等她放下心中的执念时，才恍然明白，匆匆十年的光阴拿不回也算不尽，关于那些计较也不过是磨损余下的光阴。

在朋友的介绍下，她嫁给了同是带有孩子的男人，虽然结局不算太圆满，但好过玉石俱焚。

这段婚姻没有大风大浪，有着男耕女织的平凡。

那些过往的执念慢慢演变成留念，久而久之连留念都随风飘散了。

前因后果不是成语，是一种生态现象，如同生物链一般。

那个曾经一起拼搏的穷小子经过一段繁华后又被打回了穷小子，如今的他不仅穷，而且妻离子散。

世间很多事都可以后悔，但没有后悔药可以吃，一切都不可能重来。所以当他跪在晔面前忏悔万千时，晔只是如招待一个路人般给了他一口水，然后挥手告别。

夕阳下，他跌跌撞撞，碰到了一个小孩儿，而这个小孩儿礼貌地说了一句："叔叔，对不起。"

我想，最熟悉的陌生人也算是上演到极致了。

小孩儿蹦蹦跳跳唱着《上学歌》："太阳当空照，花儿对我笑，小鸟说早早早，你为什么背上小书包……"

这首歌是他教的，但小孩儿只是唱着，已然忘记了教他唱歌的那个人，他的世界还完整，而他的已被自己敲得七零八碎。

晔告诉我这些的时候，没有眼泪，也没有情绪，关于过往，从执念到留念，从留念到不念，我不知道要经历多少个夜晚，不知道要经历多少个挣扎，但这些夜晚和这些挣扎一旦过去，那便是蜕变。

黄昏应雪景，古镇小楼，没有太多的人烟嘈杂，安静如时间，我不由自主想起刘若英《成全》中的几句歌词：成全了你的潇洒和冒险，成全了我的碧海蓝天，成全了你的今天和明天，成全了我的下个夏天……

活在完美的生命里，
不美

生命百态，是什么缔造了苦难万千？

惠风和畅，席地而坐，品一杯茶，握一本书，吟唱几句，悠然自得。

微风轻拂，落叶随风飘荡，落在掌心，我不由自主地拾起，惊讶于两片树叶如此相似，但仅仅是相似，并非相同。

莱布尼茨说："世界上没有两片完全相同的叶子。"

虽都是叶子，但生命的缝隙缔造了两片不同的叶子，正因为生命有缝隙，阳光才能照进来。

圆或许是事物最美好的状态，因为没有残缺。

当阳光斑驳地打在身上时，我微微抬头去欣赏着挂在树上的每一片枫叶，风雨吹打酿就了它绚丽的颜色，那样的颜色属于饱经风霜。

若以圆作为标准，那么，枫叶算是不完美的代表，但掌状五裂的叶子却深受文人墨客的喜爱，关于它的诗词歌赋、传说史记铺天盖地，它甚至成为一个国家的国徽、诸多城市的标致。

若枫叶为标准的圆，我想此刻坐在树下的我便享受不到这样的斑驳，层层重叠便没了原有的阳光倾斜而下的缝隙，抬头放眼望去，便也欣赏不了那掌状五裂的随风摆动。

生命本身就充满了戏剧性，生命的残缺却因为相互交织投下的影而完美。

斑驳圆影点缀着大地，虽不如宝石绚丽，但简单朴素的美却写着简单的幸福。

也似乎如此，幸福从来不是一个人的事，也不是一个具象的物体，而是一种相互作用的感觉，感觉因人而异。就如同斑驳圆影都是圆，但每一个圆都有着不同的韵味，因为它们是在不同树叶投影下来的。

我不敢去想象一个充满"美好"的世界，每个人都是完整的苹果，活在一个没有错误的程序中，没有风雨，只有阳光，没有夜晚，只有白昼，理想一觉醒来就会实现，我想，那便没有了人生。

人生因痛而难忘，因为美好，便没有了难忘，没有了难忘，我们何以谈人生。

一个健全的人生或多或少有着这样那样的追求，这些追求直接或间接关联着我们那口被咬的"苹果"，至少潜移默化地影响着我们的思维和看待事物的角度。

一个健全的人生或多或少有着这样那样的伤痛，这些伤痛直接或间接增加了生命的裂痕，可是，那些经历的不过是为了更好的更多的阳光洒下，毕竟生命因经历而精彩。

因为没有，所以想得到，因为伤痛，所以想幸福，人生的意义可能就在于追求想要的、未知的。

感谢那些不完美的、痛苦的、经历的……感谢生命的那些缝隙，因为那些缝隙，阳光才会洒下构成生态的千姿百态、千姿百态的耐人寻味。

在岁月里打磨出芳华

没有过不了的坎儿，不信回头看看。

小时候考试考砸了，以为天崩了，长大了恋爱分手，以为天崩了，结果一切都好好的。

香芹是个作家，一开始她并没有打算走文字这条道路，她对文字的开始只是源于一个女孩儿，这个女孩儿的人生充满了抱怨，在她的观念里，世界好像都欠她的。

开始我以为这个女孩儿有多惨，相反，她一点也不惨，和大多数人一样，有着完美家庭，有着一个从小一起长大的妹妹，有一份能养活自己的工作，有一个即将步入婚姻殿堂的男朋友。理论上她应该无所抱怨，但她不同，不同在我们从宏观上看她还好，她习惯从微观上去看待她所拥有的。比如她的父母唠唠叨叨，她的妹妹霸道无理，她的工作不够理想，她的男朋友不够优秀。

当这些抱怨脱口而出时，站在一旁的香芹在微博上随意写了篇文章，叫作《那些经历的磨难只是为了告诉你，你可以变得更好》，看似与那个女孩儿无关，但那个女孩儿随口抱怨出来的却是香芹想要的，这样的文字或许只是为了让自己的心理足够平衡。

当我无意中看到这篇文字时，我才知道香芹曾患有精神疾病，精神分裂让她无意识之中经历的那些磨难虽多余却刻骨。

因为特殊的疾病，她的父母对她所说的每一句话都小心翼翼，尽管她觉得没必要，但她的父母还是小心翼翼保护着这颗心灵不再受伤害；因为特殊的疾病，她的妹妹似乎比她懂事，事事都充满了谦让，所以她与妹妹之间没有争吵，只有客气；因为特殊的疾病，她经历了四年现实与幻想交替的生活，当回归到现实生活时，她的记忆衰退，只能找一个没有太多技术含量的工作，而且永远没有上升空间；因为特殊的疾病，她注定孤老一生。

如此想想，我们似乎幸福得太多。

关于她的幸福，虽然来得晚了些，但还好，总算是来了。

关于那些经历的、磨砺的，都变成了她的素材，起初，微博上的那些文字只是为了告知那些自认为不幸的人有多幸福，那些勉励的、共勉的故事在微博上"失了火"，她被广泛关注，那一刻她找到了她的人生定位以及人生意义。

她不求读她作品的人感同身受，因为感同身受实在太痛苦了，她说撕开内心的那一道伤疤不是让别人同情她，而只是想让那些经历过的或是正在经历磨难的人乐观面对现在的每一天。

"没有过不去的坎儿，不信你回头看看。"

这句话是她告诉我的，让人难以忘记正是因为那些坎儿，那些坎儿成就了现在的你，比过去更好的你。

因为各自的生活，我们来往并不如以往频繁了，偶尔街头的相遇，我没有认出她，她认出了我。

经过岁月的洗礼，那些因岁月而散发的气质拨动心弦，"灵魂师"用在她身上一点都不为过，她在用生命与每一个对生活不满的人对话，坦然面对所经历的。

刘小溪："其实生活有的时候特别用心良苦，如果它能的话它一定会告诉你说：'嘿，宝贝，你知道吗？我给你的所有磨难折磨，都是想在告诉你，你可以变得更好，要知道伤害你的从来不是事情本身，而是你对事情的看法。'"

我不是香芹，我难以诉尽关于那些备受伤害的事，但我可想到那些她对所经历的态度，若不是有那样豁达的态度，便成就不了她现有的气质、现有的美好。

第三辑　慢慢成长为自己
喜欢的模样

人生不过如此，且行且珍惜。
自己永远是自己的主角，
不要总在别人的戏剧里充当着配角。

——《人生不过如此》

耐心，
等风来

早上起床一睁开眼，我打开 QQ、微信、邮箱、微博……

没有。

牙刷上涂满了洗面奶，脸上抹满了牙膏，喷雾水用成了卸妆水……

精神恍惚。

电话打给了 A，语音拨给了 B，视频点给了 C……

看看时间，才过去半小时。

糊里糊涂穿衣出门，糊里糊涂打了一辆车，不知目的地，只是随意穿梭在"车水马龙中"，当车子经过一个又一个红绿灯时，那分秒的等待恍如隔世。

焦灼不安。

当车子经过一群又一群大学生时，我想起了恍如昨日的那些青春。

在跟男朋友分手的那段日子里，彷徨与不安占据了生活的全部，每逢周末，寝室里的空荡让我心如刀绞，待这种"心如刀绞"痛彻心扉后，或许生活应该换一种节奏，或许应该等待下一个春天。

在这个"春天"来临之前，生活处处充满了焦躁。

一切可以邂逅的地方充满了幻想，幻想让现实充满了可悲。

等待，是一种多么可怕的煎熬。

但也是在那段等待的日子里，我爱上了文字，因为文字，是唯一那个不会抛弃我的。

在那段等待的日子，图书馆多了一个人的身影，日子因为单调却绚丽了起来，我不再害怕周末寝室那个"形单影只"，因为一切刚刚好，那样的空间适合我去写一些酸酸的文字，独自矫情。

这样矫情的周末，我不知道过了多少周，没有期待，没有奢望，只是这样安静地过着、写着，不知不觉已写了几十万字，那些字眼儿，沉淀了我的烦躁，也成就了我的一份淡然。

久而久之，当这种矫情引起共鸣时，我收到了人生的第一桶金。

很棒。

这算是给等风的日子里的佳赏吗？

春天来临了，但不是下一个春天，与男朋友和好，那感觉已不如从前，所以我开始怀念那些等风的日子。

目的地，什么是目的地？

我随意找了一个地方下车，不再想那些有的没的，进了一个咖啡屋，跟着悠扬的音乐，心慢慢静了下来。

在人生得意的时候，我辞了职，回家相夫教子。

相夫教子的那些日子，日复一日的生活我姑且不说它乏味、没有激情，单是停下来的时光就足以让人寂寞难耐。

偶然翻起一本书，忘记了书名，但勾起了我写书的欲望。

写书，确实能排解那些寂寞难耐的日子，但不足以满足我控制别人人生的欲望，所以，我兼职写剧本。

漫漫长夜是什么感觉？我不知道，因为低头抬头之间便是一宿。

这样的"一宿"不知道过了多少晚，所谓经历，深陷其中不知是何滋味，只待回首时才泪流两行。

当我接到剧本一审通过时，喜悦，忘乎所以，然后落泪。

在整理二审材料时，指尖在键盘上有点不知所措，这样的不知所措持续了好几天。

终于，今天，就是裁决日。

过与不过？

焦灼、等待。

走进咖啡屋，跟着悠扬的音乐，心慢慢静了下来。

此刻，电话响起，我不慌不忙接起电话，口气不骄不躁。

结果，还重要吗？

我是我，
不是另一个某某人

医生被解雇了，因为手术台上那一秒迟疑。

高管失业了，因为在竞标会上的一次犹豫。

我入围了，别怀疑。

这样的话我对自己说了很多遍。

从从事编剧到剧本入围短短 25 天，25 天前，我连剧本是什么都不知道，可是今天，我见到了影视公司的老总，并意外地遇到自己喜爱的演员。

他是谁？我是谁？

可是，我们就是有了交集。

走到影视楼底，我觉得我所看见的都是幻觉，虽然眼前的只是一如曾经的车水马龙、人来人往，可是，世界怎么就变了呢？

第一次感觉世界变了，不是现在，而是从前。

从前，我懵懂地闯入世界，只是为了一份能活下去的工作，可是这份工作，让我觉得世界不再是童话，一切都不美好了。

对不起，您所毕业的不是 985、211。高考，我去了哪里？

对不起，您没有相应的工作经验。我怎么不早托生几年？

对不起，您的户籍不是北京当地的。如果有一天，我会买房，最好买在北京市中心。

对不起，您没有海外求学经历。考托福、考雅思，辗转到博士后回来，如何？

……

找工作时，关于这些，都不是我能左右的，但我却因此埋怨过自己，虽然埋怨的内容与这无关。

做个双眼皮，会不会好看一点？

做个女强人，会不会有优势一点？

把我换成别人，找工作会不会容易一点？

……

原来，那是别人的思维，我不过是这些思维的复制者。

伏在电脑桌前，含着泪把那些所谓的"意见"罗列在本子上——一一筛选，一一自我审视，我发现自己虽然没有自我初定义的那么好，但也没有别人嘴里的那么糟糕，所以下一次面试，与之前相比较，没什么不同，唯一的不同，不过是脸上那一丝自信的笑。

在获得工作的时候，我没有太多的大喜大悲，不过是独自一人去了向往已久的牛排餐厅，显然，我的着装与这样的情调并不相宜，从服务员的眼神中，我明了自己的特异。

吃牛排时，一个衣冠楚楚的男子坐在了我的对面，我觉得他的笑容很诡异。

果然，很诡异。

我们成为了恋人。

他所出入的地方，充满了高大上，而我，从来不属于高大上，高跟鞋会让我的走姿如同笨鸭子。

当他为我脱下高跟鞋时，我爱上了他，因为在他眼中，我本来就很美。

虽然，这段恋爱没有童话般的结局，但过程的美好让我记住了，我是我，我不是另一个某某人。

即便在日后的婚姻中，我如同万千的女性般——围着老公孩子热炕头，但好在，我还是那个我，那个不一样的我。

人生再狼狈，
我愿意为自己鼓掌

大学文艺演出，关于文艺，我是绝缘的，只是象征性地出现在大合唱团里，所以连大合唱的名字都忘记了，但有一件事，我刻骨铭心。

每次去排练，我都充满了不愿意，但又没有具体的借口不去。

排练时，我认识一个清纯的女孩儿，是那种连说话声音都毫无杂质的清纯。

登场的前一天，排练结束后，窗外的雪还在纷飞，我忘记拿帽子，转身回去拿帽子时，女孩儿一个人在清唱。

女孩儿眨巴着眼睛，略有点害羞："唱得不太好，你能当我的观众，给我提意见吗？"

我不忍心拒绝，所以听她唱了两个小时。

她很好，但是真的太紧张了。

登场时，她踩到了礼服，摔倒了，也撞倒了走在前面的几位同学，一片笑声哗然后，在主持人的调侃解说中，一切恢复了正常。

恢复正常的是表面，而台上的每一个人都因为这个意外恍惚，包括我，所以歌声并不如排练的那般整齐如一，那些歌喉不好的声音尽露无遗，也包括我的。台下口哨声和喧哗声一片接着一片。

一曲未尽，在场的——包括那个女孩儿——哭了。

此刻，一个掌声响起，源于我。

一会儿，若干个掌声响起，源于我们。

一会儿，全场寂静，只有我们的掌声。

我忘了我们是怎么谢幕的，只记得当时的掌声，是我听过最美的掌声。

或许，人生根本不需要谁为你喝彩。

我没想到我还有为自己鼓掌的第二次机会，虽然谁都不想。

从事编剧之后，生活处处充满了压力。

曾经，一群人一个舞台，我不优秀，有优秀的人顶着；现在，一个人一个舞台，我不优秀，也会有优秀的人顶着。

只是此"顶着"非彼"顶着"。

在创作第一个剧本时，我用尽才思，细致打磨，但磨走了样，这个本子最终被压在了一堆废弃的剧本中。

年轻时，或多或少有着不甘心，所以我自导自演了那部剧，没有那么好，但我还是含着泪看完了，并默默地为自己鼓掌。

不知道是不是那时候养成了习惯，习惯每写一场戏，就自我排演，然后自我鼓掌。

神经质的世界，你或许理解不了。

但当这种自我鼓掌演变成别人为你喝彩时，我相信，你是羡慕我的。

当剧组杀青时，导演为我鼓掌、演员为我鼓掌，最后剧组所有人都为我鼓掌，我相信我当时的脸上没有太多的表情，因为我想观众为我鼓掌。

做宣传的时候，那也是我第一次出现在影视屏幕前，尽管不会太多人会注意编剧，但我还是不由自主地紧张，这种紧张导致我走上红地毯时，跌了一跤，我发誓，这绝对不是有意识的行为——我为自己鼓掌了。

我想，我很另类，因为并不是每个人都能理解我的行为。

电视剧走红后，我听到了很多掌声，尽管这些掌声是送给导演和演员的，但我还是自我得意地笑了，我又习惯性为自己鼓掌。

编剧，谁为我鼓掌？

生活，谁为你鼓掌？

相比完美，
你更需要让自己独特

"别人家的孩子"，我一直都不是。

成绩倒数第二，幸好不是第一。

幸亏我没有一个固执的爸，也没有一个好强的妈，没有人会要求我必须成为"别人家的孩子"，所以我不用去补习班、去美术班、去钢琴班……

我有大把的时间做我自己想做的事，比如蹲在新华书店一蹲就是一整天。

身为一个女孩儿，爬过树，掏过蛋，拿着弹弓满山转。

童年，一直都很美好。

与我相反的一个女孩儿，她是，而且一直都是"别人家的孩子"。

我们算是总角之交。

幼儿园，她得的小红花最多，小学钢琴十级，中学时是中考状元，高考进入百年名校，所谓完美，也不过如此了。

完美如她，但在公司裁员时，她被列在裁员名单中。

她说，她是公司里手脚最勤快的，任何人需要帮助，她都能帮上忙，她觉得自己在公司混得如鱼得水，业务上她跟得上，人缘也相当好，不知是何缘故，名字出现在了裁员名单中。

都市，一份工作足以决定去留。

所以她哭得很伤心。

公司一定出了小人。

我这样想着，并带有愤愤不平的情绪去找了身在主管位置的大学同学。

相对于他的情绪而言，我似乎激动了些。

大学同学请我喝了酒。

大学那会儿，我们一起逃过课，只是为了那片夕阳红；我们一起喝过酒，只是为了祭奠逝去的青春。

那酒，我记得 3000 多，用尽了我们的生活费。

什么是有情有调，我想这算是其中一种吧！

大学同学点了 3000 多一瓶的五粮液，我多少有些心疼，因为我们已经过了"视金钱如粪土""拿什么祭奠你，我的青春"的年纪。

微微一口，呛得我咳嗽不止，好辣。

茅台，才是我的最爱。

大学同学给我点了一瓶茅台，果然，我还是喜欢茅台的清醇香甜。

当我再次谈及发小的事情时，大学同学先是笑而不语，尔后两口下肚，"你我都是喝酒之人，你为何喜欢茅台而不喜欢五粮液？"

我当时并没有反应过来大学同学的话中话，"茅台清醇香甜，五粮液辛辣冲头。"

"可我就喜欢这五粮液酒的后劲儿，这就叫特质，你的发小就缺乏这种特质。"

特质，与众不同。

我醍醐灌顶。

她也醍醐灌顶。

有一种线叫作生命线，或长或短，或粗或细，这决定了不同的生命轨迹。

当她在追逐"别人家的孩子"时，离完美越来越近，离独特却越来越远，这种思维会演变成一种惯性，如同肿瘤在大脑里不断扩大。

带着这样的"癌症"进入社会，惯性追逐别人会的，努力学习模仿但从没有过超越，久而久之，她便成为了公司可有可无的人，公司不会花钱雇一个可有可无的人，她面临的只有失业。

当她意识到这点时，改变成为了事业蒸蒸日上的阻力，但这种阻力会因为努力日复一日地减少，痛苦也随之减少。

痛苦没了，事业也便红火了。

一技之长便可以独善其身，独一无二铸就了你的不可替代，你可以不完美，但请独一无二。

有一种烦恼叫
自寻烦恼

比上不足，比下有余。

一则寓言故事。

城市老鼠和乡下老鼠是好朋友。

有一天，乡下老鼠写了一封信给城市老鼠，信上这么写着："城市老鼠兄，有空请到我家来玩，在这里，可享受乡间的美景和新鲜的空气，过着悠闲的生活，不知意下如何？"

城市老鼠接到信后，高兴得不得了，立刻动身前往乡下。到那里后，乡下老鼠拿出很多大麦和小麦，放在城市老鼠面前。城市老鼠不以为然地说："你怎么能够老是过这种清贫的生活呢？住在这里，除了不缺食物，什么都没有，多么乏味呀！还是到我家去玩吧，我会好好招待你的。"

乡下老鼠于是就跟着城市老鼠进城去。

乡下老鼠看到那么豪华、干净的房子，非常羡慕。想到自己在乡下从早到晚，都在农田上奔跑，以大麦和小麦为食物，冬天还要不停地在那寒冷的雪地上搜索粮食，夏天更是累得满身大汗，和城市老鼠比起来，自己实在太不幸了。

聊了一会儿，它们就爬到餐桌上开始享受美味的食物，突然，"砰"的一声，门开了，有人走了进来。它们吓了一跳，飞也似的躲进墙角的洞里。

乡下老鼠吓得忘了饥饿，想了一会儿，戴起帽子，对城市老鼠说："乡下的生活平静，还是比较适合我，这里虽然有豪华的房子和美味的食物，但每天都紧张兮兮的，倒不如回乡下吃麦子，活得快活。"

说罢，乡下老鼠就回乡下去了。

另一则寓言。

一头羚羊看到大象把树上的树枝卷下来，并吃掉枝上的叶子。然后又走到河边，用它的长鼻子汲水，轻松愉快地向空中喷去。

羚羊很羡慕大象所做的一切。

于是它请求上帝给它一个长鼻子。它果真如愿以偿。羚羊高高兴兴地装饰着长鼻子回到羊群当中，并且向大家展示长鼻的功用，羊群惊讶地看着它的表演。

此时，一头饥饿的狮子来到。羊群看到狮子立即拔腿就跑，但是那头装饰着长鼻的羚羊却无法快速脱逃，所以狮子一下子跳上去，把它吃了。

乡下老鼠是聪明的，羚羊是愚蠢的，可我们或多或少在某件事上有着羚羊的愚蠢，只是没有愚蠢到被"吃掉"，但因为这样的愚蠢给生活平添了许多不美好。

你的包包是进口的，而我的是国产的。

你家老公在外企，而我家那位在私营。

你家儿子聪明乖巧，而我家……只会调皮捣蛋。

……

比较，我想你看出了有多"无畏"，可这样的比较贯穿着生活点滴。

无谓的比较，无非是遮掩了生活中的阳光雨露，使自身陷入无边的痛苦之中。

俗话说，人贵有自知之明，知人者智，自知者明。

无谓的攀比，只会增加不必要的烦恼，从而导致心理失衡。

心理平衡是一种理性平衡，是人格升华和心灵净化后的崇高境界，是宽宏、远见和睿智的结晶。

你可以活得快乐潇洒，
活得心安理得

朋友去看心理医生。

从两年前开始，她一直做着同样的梦。阴暗的楼道漫长而恐怖，楼道的尽头有一扇窗，她全身颤抖，直冒冷汗。

然后她醒了。

医生说，那只是一个梦，打开看看。

朋友打开了，窗外是一片绿草，还有明媚的阳光。

人醒来有两种选择，心情愉快或是心情不好。朋友曾经选择了后者。

朋友是一个作家，我看过她的作品，字里行间充满了忧郁，在她的自传里惯用三个符号。

"——""！""。"

一阵横冲直撞，落个唉声叹气，到头来只好完蛋。

这样低迷的情绪导致她并没有什么朋友，因为谁也不想跟一个悲观敏感的人长期相处，她是现实版的林黛玉。

朋友的改变源于一场生死。

夜半，她从超市出来，坏人尾随，在胡同巷子里钱财被抢，还意外地挨了一刀，刀插在心口，无法自拔。

此刻，她有两种选择，生或是死。这次，她选择了前者。

生的意识鞭策着她必须乐观，所以面对我们，她很努力地笑。

虽然情况紧急，她危在旦夕，但医生时刻鼓励着她会好的。

她从医生的眼神中看到了"她就是一个死人"的表情，但她还是选择了相信医生的话——自己会好的。

手术台上，医生问："对什么过敏吗？"

朋友说："刀。"

医生护士都笑了，她也笑了。

手术很成功，她在医院躺了两个月。在那两个月里，她依旧做着曾经那些梦，但那个楼道不再漫长而恐怖，她不再全身颤抖，直冒冷汗，而是轻松愉快，因为她知道尽头的窗户外是一片绿草，还有明媚的阳光。

出院后，她改了她的自传，用了另外三个符号。

"、""……""？"

青春是人生道路上的小站，道路漫长，希望无边，生命或有限，但延续生命的正是那份乐观，若是命运真的多舛，不妨静下心来反思。

"美好"和"前程"是两个词，但在"乐观"的撮合下，便是一个词——美好前程。火柴在衣兜里燃起，感谢上苍，那不是炸药。

途中掉入泥坑，感谢上苍，那不是沼泽。

针刺入指尖，感谢上苍，没有扎到眼睛。

从楼道跌倒，感谢上苍，只是在二楼。

……

乐观本身就是一种成功，因为它表示你拥有健康的心灵，活得快乐潇洒，活得心安理得。

楼道漫长，或是阴暗，或是明媚。

其实楼道只是楼道，描述那个楼道只是你的心态，你的心态决定了它是明是暗，如同乐观决定了窗外的那片绿草、决定了窗外的那缕阳光。

乐观的人都一样，心里住着阳光，脸上挂满笑容。

悲观的人也一样，心里住着肿瘤，脸上挂满忧愁。

同样一个楼道，同样都要走过去，但唯一能选择的是以怎样的心情走过去。

别弱化了
对未来的期盼

我是从农村走出来的第一个大学生。

我们的村庄很穷。在我的印象中，大家都是光着脚上学，没有书包，因为没有课本。

我不知道外面的世界是怎样的，也没有想过要走出去，因为我以为外面跟这里一样——地里种着萝卜和青菜，马路——是何物？

改变我这种观念的是一个外面来的老师，跟其他老师不同，我也说不上有什么不同，就是觉得不一样。

后来，我才知道那叫作气质。

气质不同。

她没有告诉我们知识是可以改变命运的。即便她告诉我们，我们也不懂，什么是知识，我们连课本都没有，如果有，卖出去还不到一毛钱，怎么改变命运？

老师会算命，算命——农村人都信。

她说，我会考上大学。

大学为何物？

她说，我会成为作家。

作家，我懂，写书的。

她说，要看很多书，我才能成为作家。

所以，我疯狂地看书。

最后，我成为了作家。

老师算得真准。

等我考上大学，再次回到村庄时，她不在了，我记得她曾经就住在这山洞里。

世界上没有那么多姻缘巧合，所以我并没有再次见到她，尽管我每年都回去。

后来，我知道老师不是算得准，而是给了我一个期盼。我相信老师不仅给了我一个人期盼，我相信我的那些小学同学都有，但有几个能记住的，我就不知道了，因为我已经记不清曾经的小学同学了。

谈起期盼，我不由得想起初中那会儿，我住院的那次。

我的隔壁床位住着一个病人，很富有。

医生问："你想吃点什么吗？"

病人摇头。

"你喜欢听音乐吗？"

病人摇头。

"你对听故事、讲笑话感兴趣吗？或是，交个女朋友？"

"没有兴趣。"

"开豪车、坐游艇、环游世界？"

"你烦不烦？没有兴趣。"

医生走了。

这个病人也走了，自杀。

我听到医生喃喃自语："本来可以再多活几年的。"

那时的我并不太懂，我以为多吃饭、多听音乐、多讲笑话、开豪车、坐游艇、环游世界有益于延年益寿，但我开不起豪车、坐不上游艇、环游不了世界，所以我多吃饭、多听音乐、多讲冷笑话，因为我想活得更久一点，哪怕是"更久"的一半。

出院后，我一直很努力，先是努力读书，后是努力挣钱，因为我想开豪车、坐游艇、环游世界，我以为这样，就可以让我活出"更久"的另一半。

年幼无知的想法多么年幼无知，可笑。

如果可以，我宁愿这样年幼无知、可笑到底，因为年幼无知中种着期盼，期盼活成自己想要的模样。

在那些期盼的日子里，每天都充实，充实的分秒只是为了离所期盼的近一点、再近一点。

年幼无知的时候期盼长大，因为大人的世界有我们的期盼，长大的我们又希望回到那年幼无知的小时候，因为没有告诉我们未来会住着一个不一样的自己，我们太懒了，没人告诉我们，我们也懒得告诉自己，所以……

我们弱化了对未来的期盼。

现在，我明白了医生与那个病人的故事，那个病人有豪华的别墅，有高级的轿车、汽艇，有花不完的钱，可缺少一样东西——美好的期盼。

自信者，
不会失去属于他的机会

在我辞职回家做家庭主妇之前，我一直在一家公司，六年。

不是因为忠诚，而是因为你。

和刚入职的新人一样，不自信。嗫嗫喏喏做着每一件事，生怕出错，关注着职场的每一个小细节，时刻让自己谨记，不要冲到风头浪尖，不是因为低调，而是带有害怕的不自信。

似乎所有的新人都有着这样的情绪。

经理曾在大会上讲过关于亨利的故事，很经典。

亨利，孤儿，丑陋，矮小，结巴，乡巴佬。

自寻短见时，朋友告知他，他是拿破仑的孙子。

亨利，孤儿，丑陋，矮小，结巴，但自信。

他应聘了一家公司，最后成为了这家公司的总裁。

如你所想，他并不是拿破仑的孙子，那不过是他朋友的善意谎言，虽是谎言，却带给他足够的自信——所向披靡。

这故事虽经典，但一点都不煽情，作为公司新员工，依旧胆怯不自信。

我是主管一手带出来的，她教给我的第一堂课，就是自信。

她说，她需要一个优秀的助理。

我努力寻找。

第一个，不是。

第二个，不是。

第三个，不是。

她很失望，我也因此很难过。

直到主管离开、我坐上她的位置时，她也没用过助理，她的琐事，都是我打理的，所以在她离开的时候，我表示很抱歉。而她只是笑笑，笑容中也略带失望。

她说她的失望在于我从来没有推销过自己。

寻寻觅觅，那人——远在身边，近在眼前。

这让我想起苏格拉底临死前对助手说的那席话："本来，最优秀的就是你自己，只是你不敢相信自己，才把自己给忽略、给耽误、给丢失了……其实，每个人都是最优秀的，差别就在于如何认识自己、如何发掘和重用自己……"

苏格拉底是带着遗憾走的，主管也是。

好在主管还活着，我们还可以出来喝喝下午茶。

为此，我还难过了一段时间，可能也是从那时候开始，我开始自信了。

但我不知道自己是从什么时候开始传播自信。

走在回家的路上，一个十八九岁的男孩子在推销一种功能饮料，因为是一款没有听说过的牌子，并没有引起人围观。

第二天，依旧在同样的位置，引进了新的活动——充话费送饮料。

来来往往的人很多，但没有人愿意停下脚步。

出于同行同情同行的心理，我去充了话费，并得到两瓶饮料。

临走时，男孩子还多送给我了两瓶饮料，说："反正没人要，不妨多送你两瓶。"

怜悯，我想我是出于怜悯，大学，我也卖过花。

他是一个创业者。

"10块钱，我买两瓶。"我记得我是这样说的。

5年后，在公司遇到困难、我出去拉赞助的时候，我遇到了他。

不知道该怎么解释缘分，总之，我感激涕零。

我以为自己无路可走了，可是，我遇到了他——那个曾经十八九岁的男孩儿。

那 10 块钱救了我，也救了曾经的他。

他说："接连几次的失败，让我活得连乞丐都不如，我的商品都是送的，直到您为我的商品付了 10 块钱，我才意识到自己是个商人，是您，让我拾起了自尊和自信。"

我不知道说些什么，只是看着夕阳，喝着那瓶饮料，味微微犯苦，心里却有着说不出的甜。

那些你以为不能的，
慢慢都会实现

在这篇文章之前，我去了"坟场"，我挖出了"骨灰盒"。

那时，我 10 岁，3 年级，老师让我们拿出一张白纸，这张纸的页脚写着"我不能"，并在空白处写上"我不能"的事。

我忘记别人写了什么，隐隐约约记得一个男生写着"我不能不尿床"。

10 岁，还尿床，确实记忆深刻。

我也不记得我的，但现在记得了。

我不能独立完成数学作业；那时的我真的数学不太好，当然现在也不太好。

我不能只吃一块肉；家里穷，肉真是不常见，虽然现在的你无法想象。

我不能写 50 字的作文；语文，要是没有作文就好了，我肯定能上 90 分。

……

那时，老师也列了，我很想挖出来看看，好奇心汹涌澎湃了一会儿，但还是打消了这个念头，我想应该与我们相关，那时的我们似乎不太听话。

我们就这样把自己的"我不能"放在玻璃瓶里，埋在大树下。

一个个鼓包，太像坟场了。

我记得老师带着我们还说过一段话，很悲壮，只是我记得不太清楚了，大概意思如下：

"同学们，今天我们聚集在这里，我们一起哀悼'我不能'，我们要为'我不能'提供一处安息之地，它去了，但它的兄弟姐妹——'我行''我可以''我马上'还在，虽然我们不能将'我不能'声名远扬，但有一天，你们会因为它而写下壮丽的诗篇。"

我想老师不会说得那么文艺，但大概意思是这样的。

当然，我并没有如老师说的那般"写下壮丽的诗篇"，只是曾经那些"我不能"的，现在我都能了。

大学时，我获得全国数学竞赛二等奖。

工作后，为了良好的形象，我每天只吃一块肉。

现在，我有一个关于文字的身份——作者兼编剧。

……

那些我以为不能的，现在都能了，而且比"能"做得更好。

临走前，我发现瓶子里还有一张纸——我不能拥有 100 万。

两个月前，我真的不能，我也没想过我能。

如果我还记得曾经写下过这样的纸条，我应该会去买彩票。

确实，这对于我来说太难了。

好在只是难，并不是做不到。

如果是你，你拿到这 100 万，什么心情？

激动？开心？痛哭流涕？

我去睡了一觉，醒来时，发现那 100 万还在，接着睡。

这是我忙了一年的劳动成果，一个月 10 万，相当可观的收入，可是这是沉淀十年的心血，换算过来，一个月 1000，你还觉得多吗？

从作文写不到 50 字到一天一万字的突破，谁能告诉我是一蹴而就的结果吗？

从"我不能"到"我能"，谁能告诉我是暴发户的专利吗？

我们姑且不谈其中的心酸，因为条条大路谁不流两斤汗呢。

当抵达终点，回首那些"我不能"的事，渐渐地，我们能了，这种"渐渐"中包括了汗水与泪水，一旦哭过笑过，便是最美好的回忆。

不要给自己设限，因为你本身就是奇迹。

我行，我可以，我马上。

每件足够卑微的小事，
都值得用心对待

在我高中毕业时，我去酒店当服务员。

因为一个过失，我去打扫厕所。

我厌烦这份工作，无论是从视觉上，还是从嗅觉上。刚入职的那几天，胃里如翻江倒海，却又呕吐不出，三天，我几乎没有进食。

在酒店例行检查时，我因为没做到"光洁如新"被批评了，而且在众人面前。

年少轻狂，忍不住顶了几句，"不能吃不能喝的，洗那么干净干啥？"

领导蹲下，将马桶洗得光洁如新，然后从马桶里捧起一口水喝下。

我惊呆了，这种画面我在书里看到过，当放在眼前时，震撼感依旧强烈。

领导说，这没什么，日本都这样。

看着远去的领导，我开始审视自己，关于那些足够卑微的小事，我何时用心对待过？

光阴如梭，这件事很快因为诸多的事埋没在记忆当中，但关于那件事的态度却时刻影响着我，而这样的态度成全了我的第一次创业。

第一次创业是在大学期间，没有太多的钱，几个人凭借着满腔热血。

那是一个充满幻想的年纪，总想着一蹴而就，想与人开广告公司、开创一个信息平台、搭建一个电视台……

钱，似乎可以从天而降。

很快，现实打败了这种幻想，因为没钱。

我读大学时，购物袋是不收费的，但经销商需要花钱购买购物袋，这笔费用虽然不高，但是不花钱总比花钱更受经销商的欢迎。

当然，我也不可能提供这笔钱，我还想从这笔钱中额外赚一笔。

听起来很可笑，但我还是成功了。

我们学校坐落在集吃喝玩乐为一体的市中心，这为我创造了太多广告商，我为他们打广告，收取广告费，用一部分广告费来定制具有广告的购物袋。

这种广告形式放到现在，很普及，但曾经，没有。我也算是第一个吃蛋糕的人，很有成就感。

这种广告形式有一个弊端，在塑料袋不花钱的年代，随手一扔，便不见了踪影。

随着资金的融合，我们推出了布袋子、礼品盒、女生喜欢的首饰盒……

小风小浪，放在那时，我们算是成功的，小事成就了我们曾经的成功。

我们后来的不成功，也源于一些小事——散、杂。

小小的成功膨胀了我们的野心，只要能做广告的一切形式，我们都去做。比如买牙膏送漱口杯，杯子由我们提供并写着广告商的 LOGO，但又不能大批量生产，成本因为不能大批量而提高了许多，我们开始亏损，可曾经的我们并没有意识到这一点，所以诸如此类的广告我们还在接，接完之后却费力难行。

小事虽小，却需要用尽身心。

一件小事，就足以让我们拼尽全力。

诸如一个漏斗倒下许多米，可能一粒米都不能漏出，若只是一粒米，漏过去，很容易，当一粒接着一粒漏过去时，那就是一座米山。

成大事者必隐忍于干好每一件小事，或者说，事无巨细，无所谓卑微不卑微。

第四辑

有些事，
经历过就是美好

在人生这趟旅途中，
所有的一切都不会像我们期待的那样发生。
但是到最后，这些都不重要，
我们终将原谅这个世界，原谅我们自己。
因为，我们一直以来如此善意对待的世界，
终将以同样的善意回馈我们。

——《亲爱的生活》

不是所有梦想努力
就能实现

如果你已到了古稀之年，你可能无法编织梦想的蓝图了。

可还好，你不过二十出头、三十出头、四十出头，梦想，不远，至少没超过一尺。

你或许不足一米六；颜值丢在人群里并不会引起人注意；简历表上没有一处让自己引以为傲的……

梦想，从来不在意你这些。它很好，从来不挑人。

人一出生就有一种本能——做梦。躺着的睡醒了就忘了，站着的睡醒了就成功了，站着睡醒的人，梦想从没离他一尺远。

超过一尺远的梦想，想想，它是你的吗？

年幼时，读励志文，以为成功很随意，只要内心足够强大。

我的内心真的足够强大过，为了梦想，可以忍受三天一个馒头，但结果还是失败了。

失败有着多种因素，就如同成功一样——天时、地利、人和，不是内心强大就足够了。这个道理，很多年后我才明白，以前的我总是靠意念幻想着成功。

我有一个梦想，当演员。

尽管我身高不足一米六；颜值丢在人群中并不会引起人注意；简历表上没有一处让自己引以为傲的。

我还是去横店蹲点完成我的演员梦。

有人可以，那么我也可以。当时，我是这么想的。

租一个月300的床位，三天吃一个馒头，半夜等待需要临时演员的剧组，细细琢磨别人的演技，看很多关于表演的书……

三个月，我重复同样的事，却连饰演"路人甲"的机会都没有，三个月后，我背着行囊回了学校，被同学嘲笑了一番。

我不知道那时候坚持一下，结局会不会不一样？

不知道。

这个梦想不是从大学横空出世，而是从记事以来就有。

扮演不同的角色，体验不同的人生。

梦想，真是太美好了。

可是此时，很痛。

开始工作后，这个梦想虽然会在半夜里时常把我挠醒，但是，我知道这有多么不现实，于是倒下又睡了。

结婚生子，我的生命遇到了转折点，我也为此痛苦堪忧过，职业女性多少有些不甘成为家庭主妇，因为人生价值得不到体现。

悲观与绝望充斥着情绪时，我开始写书、写剧本，我完成了"扮演不同的角色，体验不同的人生"的梦，这种梦让我时刻都感受到快感，这种快感尽管不是来自一名演员，但我还是欢愉快乐着。

扮演不同的角色，体验不同的人生。

定位没错，梦想是不是错了？

演员在一尺之外，所以我够不着，编剧在一尺之内，所以我实现了。

在追梦的路上，路艰难，或许挺一下就过去了，或许这条路并不适合自己。

梦想再伟大，也得理性分析适不适合前行。

如果你不擅长数学，最好还是放弃量子物理学家；如果你身高一米六二，最好还是放弃篮球生涯；如果你见血就晕，最好打消当外科医生的念头。

并不是每个人都能成为莫扎特，维达·萨松说："工作之前，唯一可以找到成功的只有在字典里。"

成功从来不可以复制。

所以成功者不会去追逐别人的成功，因为一开始就注定了成长轨迹不同，生命的起点不同。

他们更懂得梦想不会超过一尺，超过一尺的梦想也许并不属于自己。

所有过往，
不过莞尔一笑，风轻云淡

《小窗幽记》：宠辱不惊，看庭前花开花落；去留无意，望天空云卷云舒。

写尽了人世间多少繁华沉淀的淡然？

倚栏远眺，望穿秋水，等不来，望不去，过往激起一片涟漪，不是，不是，依然不是，花开又一春，岁月复一年，那人，不再。

涟漪退去，只剩下一扇幽窗，幽窗外，花开花落，云卷云舒，只是以往的心情不再。

花开花落、云卷云舒——算是写尽了人生起落、跌宕曲折，可经历过，再回嚼时，说不尽的美，可曾经的面对，或痛哭流涕，或开心不已。

那些经历的，之所以成为人生不可缺少的价值，是因为它教会了我们宠辱不惊、去留无意。

那些曾经爱恋的、不能在一起的，不悔，因为在下一个路口，遇到那个对的人，我会洗尽铅华，忘却那些忧伤，拨通那个熟悉的电话，只为说一句："你好，我挺好的。"

那些曾经竞争的、不能得到的，不悔，因为在生命辗转后，才发现，我真正所需要的，不过是一杯清水加一片面包，水是自己倒的，面包是自己努力应得的。

那些曾经在一起又分开的，不悔，因为生命所重蹈覆辙的就是那些得到与失去，失去也意味着下一个得到，不哭，因为会有欣赏我笑容的那个人向我靠近。

那些曾经努力的、梦想破碎的，不悔，因为追梦的道路上谁都会跌倒，重要的是跌倒后还能从原地上再爬起来。

生活，不是因为经历不同的事而不同，而是因为尽管经历相同的事我们的态度却不同。

初恋，我们用力爱，疯狂爱。

再恋，我们用力爱，谁还会疯狂爱？

走吧，走后，我也会好好的。

青春，疯狂一次就够了。

告别青春，淡然一些、豁达一些，因为我们不再十八九。

十八九，我们会"横眉冷对"只为一句不对付的话；十八九，我们会翻寝只为了一泄心中的苦闷；十八九，我们会冲过男寝的重重阻挠，只为了找到那个男生索要一句已经无关紧要的话；十八九，我们会做太多的事。

正因为十八九，我们不再会经历了，一句话而已，不会掉块肉，也不会少滴血，苦闷相对于生活来说实在太矫情了，男人，似乎不值得一提，若你相负，转身离开，连眼泪都免了。

谈不上多豁达，只是比过往成长了。

生命中，你来了，我为你开门，这里，你驻留多久，你随意，因为看得见的看不见了，会因为岁月而沉淀出美好，或许，有高兴、有失落。

如果有一天，你走了，我不会留你，你有你的理由，我也没有太多的勉强，如果可以，请静悄悄地，如果不能，也没关系，我会静静地，连伤痛都是静悄悄地。

有人说，回忆如同与过往有一次约会，只是这样的约会已没有了过往的心情、过往的躁动。

若与过往相遇，相遇的心情会因为与回忆的无数次约会而淡然了，没有怦然心跳、没有紧张兮兮，有的不过是熟悉的陌生人，如同"不再约"，再约形同陌路。

后来，与回忆约会，不过莞尔一笑，云淡风轻。

花开花落、云卷云舒依旧在，只是心情愈加倾向宠辱不惊、去留无意。

爱笑的女孩子，
运气不会太差

一句老梗：爱笑的女子运气都不会太差。

真理。

在生孩子那段时间，住院，隔壁床的叹气声不敢让我的喜悦言之于表。

如所有女子一样，穿上婚纱的女子最漂亮，生完孩子的女子最幸福。

2号病床还没来得及微微一笑，泪水就滑落了下来，她甚至不愿再看孩子第二眼，说不出的痛。

家人的小心翼翼让她更感悲痛。

待她的家人不在时，我偷偷看了孩子一眼，也偷偷看了她一眼，当我们四目相对时，尴尬。

她用微笑化解了尴尬。

她跟我说了许多，与先生的相爱，与父母的相处，生活处处充满了琐碎，也处处洋溢着幸福，独生子女的她和独生子女的他生下一个不忍看第二眼的她，两代人的心情——再也感觉不到雨后会有彩虹。

她多看了两眼我的孩子，其实不好看——皱巴巴的，可她的眼中满是羡慕。

"你会嫌弃她吗？"我想这么问，但心中马上就有了答案，不会，因为孩子是母亲身体的一部分，没人会嫌弃自己的某一个部位。

在她熟睡的时候，她的家人脚步很轻，似乎不想把她从睡梦中敲打到现实，毕竟这种事，为人母者，最痛。

我听着她的家人凑集着手术费。

加起来，差太远。

不管差多远，也会拼上所有，包括一生。

手术费零零散散，看得医生都不免落泪。这些零零散散的钱来自四面八方，金额不等，2号床边数边哭，她说，那一刻，她比谁都幸福，有爱她的亲人，有爱她孩子的陌生人。

其实，那些零零散散的手术费依旧差得很远，但她不再悲哀，她开始微笑，那些零零散散的钱和那个开始的微笑对于事情本身来说作用并不大，但推动的精神远远高于那些实际的物质。

出院后，我会零零散散收到她的短信，每一条短信都如同奇迹一般，那些与皮肤不称的胎记在淡化。

是什么时候开始，幸运开始眷顾了她？

大概就是从那个微笑吧！

出了月子后，我去见了她，也见了她的小孩儿，小孩儿很好，尤其爱笑，笑容将她并不漂亮的脸蛋衬托得如天使一般，她可能不知晓一切，待她长大后，她可能也不知晓现在发生的一切，但我相信她一定是一个爱笑的女孩儿，因为她有个爱笑的母亲，那个爱笑的母亲不忍心告知她不好的经历。

她负债累累，但放在生命面前，不值一提。

她说她曾动过这样的念头——离婚，独自带着孩子远离尘嚣，找个面朝大海、春暖花开的地方，没人认识她们，她们也不需要认识任何人。

"可是，这是我的选择，可她的呢？我女儿的选择呢？"

春夏秋冬、花开花落、云卷云舒，识字读书、恋爱婚姻、生老病死，她应当经历的，谁有资格剥夺？

一想到未来二十年、三十年、一辈子她将在哪里的时候、她将会选择在哪里的时候，她落泪，她觉得自己多么自私，自私到将自己的想法强加在还不会思考的孩子身上。

她放弃了，在丈夫的支持下，给了她完整的家，在家人的鼓励下，给了她完整的世界。

她能教给她的，唯有微笑，因为爱笑的女子，运气都不会太差。

经历过才是生命的意义

春去秋来，秋来又一春，但此春非彼春，因为时光不可逆流，如同夹在书中的那片葱郁，岁月去了，树叶黄了，便不再葱郁了。

如果，是一个很好的词，即便不存在。

春阳朝气蓬勃，"三好"学生——好容颜、好性格、好成绩。正值高考，学习是她生活的全部，唯一的兴趣爱好，就是漫画，尽管漫画中充斥着不真实，但丝毫不减她的热情。

高中，书高三尺，埋头一丈，恨不得将书吃到肚子里。

高考，让人恨，又让人爱。恨它的残酷无情，将莘莘学子压弯了腰，爱它所在的固定日期，似乎再大的痛苦，都是有期限的。

2006年6月7号、8号，结束了，一切都结束了，不管是好的，还是坏的。

那个暑假，彻底疯狂，迎来青春本来的模样。

刚上大学的春阳遇到了列夏——敢爱敢恨敢秀，迎新晚会上，一人独揽三个节目，引来掌声片片，在这些掌声中，有一个掌声会让她莞尔一笑，这个掌声会让她无视众多的追求者。

爱得轰轰烈烈，恨得天崩地裂。

朝朝暮暮，似乎诠释了爱情的全部。

用生命耗尽朝朝暮暮，待朝朝暮暮如过眼云烟般逝去时，余下的痛苦与悲伤唯有自己去承受。

列夏是聪明的，毕业季，转身，不给自己回头的机会。

步入工作的她遇到了如秋——爽朗大方，与她一起好奇地面对着世界，一切都充满了新鲜感，当这份新鲜感一过，当生活步入正轨，关于那些矫情的电视剧，已没有太多时间去追了。

如秋跑在去往公司的路上，就如同跑在去往幸福的路上，但仅是在路上，所以一切都充满了艰辛。

这样的岁月，一个人忍受孤独，但又没时间矫情，连霓虹灯都在嘲笑生活的悲哀，偶尔给家里拨个电话，没说两句她就哭了。

朋友，在哪里？激情燃烧的岁月，在哪里？

留在餐桌上的不过是一碗一筷，对影吃几口，吃着吃着就习惯了。

在那些孤独中所经历的，如同枫叶被风霜所吹打的，但经过那些风霜捶打，有着特别的韵味。

在入冬的时候，如秋经过人生的转折点。

生活有着各种不如意，但当生活进入冰点，却寒气难耐。

天无绝人之路，她遇到了冬梅，可能因为年长些，脸上有着处事不惊的冷静，她帮如秋渡过了难关。

冬梅如寒梅腊雪，任世间烦扰，她以逸待劳，过着中规中矩的生活，似乎生活没有意外，它永远在轨道内，工作顺心如意，家庭美满幸福，当一切都波澜不惊的时候，她开始怀念那个不知天高地厚的自己。

辗转间，冬梅回到了高中，她遇到了高中的春阳；冬梅回到了大学，她遇到了大学的列夏；冬梅回到了应聘的第一家公司，她遇到了新入职的如秋。

如果可以，你会选择谁？

冬梅照照镜子，春阳、列夏、如秋，他们不过是曾经的自己。

成长是人生的轨迹，从那个天真不谙世事到成熟云淡风轻，经历过，才是生命的意义。

即便时光逆流，我想，谁也不愿意停留在某个阶段的自己，就如同经历春夏秋冬再遇春，那个春已不是曾经的春。

婚姻之外的另一种人生

我遇到一个女子，40 岁，单身。

我不赞同这种做法，但她的某些方面还是深深吸引着我。

到乔家串门的时候，她刚好要出门，说是要去卫生所给父母拿药。

她去了，我跟她的母亲聊了一会儿，我很好奇乔为什么选择一个人的未来，所以我问了，她母亲笑了，"一个人的未来，没什么不好？"

紧接着她跟我讲了乔曾经的一个故事，当然，如你所想，这个故事跟她的爱情有关，准确地说，跟她的婚姻有关。

乔，典型的外表柔弱，内心倔强，婚姻持续了十年。

如所有爱情一样，从怦然心动到结成连理，经历甜甜蜜蜜，经历吵吵闹闹，各种节日、各种礼物也聚集了一箱子，也承载着满满的回忆。

一个美满的家庭，免不了一个孩子来回奔跑。

有人说，婚前靠爱情，婚后靠亲情，如果没有孩子，就无法搭成亲情的桥梁。

这句话放到现实面前，略显得残酷些，可能因为不甘心，乔一直不赞成这样的理论，所以努力制造生活的共同话题，所谓共同话题，需要人配合才可以，对方不配合，也不过是一个人的独角戏。

从侃侃而谈的小丑到无话可说的怨妇，我相信，其中经历了太多的泪水，而且是默默的。

离婚，不是男方提出来的，是乔的父母。

确实，乔一直生活在痛苦中，久而久之，连心理都扭曲了。

领养一个孩子吧？

乔几次这样征求男方的意见，但男方始终沉默，沉默代表着不认同。

婚姻走到尽头的时候，乔悲痛欲绝，精神长期处于分裂之中，后来，她去看了心理医生。

关于那些治疗的过程，乔的母亲没多说，我想痛苦也不会轻。

乔的母亲说，那个孩子不管对于他们两口子有多重要，但在她心中她的女儿最重要。

后来，在乔母亲的陪伴下，乔走遍了世界，当然也用光了所有积蓄。

乔想开了，一个人驰骋未来，没什么不好。

乔从来没参加过工作，随便找个工作对于她来说都好陌生，更确切地说，是这个世界对于她来说，实在太陌生了。

三十五六，她还能干点什么？

三十五六，她选择了跟一群高中毕业的学生读夜校，年龄问题让她吸收知识的能力比身边的其他同学弱了许多，一开始，她就是班里窃窃私语的笑话。

在那群年轻人眼里，她可能是个笑话，在她眼里，他们不过是一群没有长大的孩子。

从夜校那里毕业后，她四处找过工作，只是夜校的文凭和她的年龄常常让公司望而止步。经过数十次的失败，终于有一家公司愿意聘用她。

对于她来说，是一次重生。

乔买完药回来了，她用心照顾着老人。

再次遇到乔的时候，她领养了一个孩子，孩子看起来有两三岁的样子，很可爱。

生活确实因为一个孩子而多彩了起来，因为来之不易，所以备加珍惜，能用心付出的，她绝不吝啬。

跟乔带着孩子出去玩的时候，我们遇到一个男人，从乔的眼神中，他应该是她的前夫，前夫一脸憔悴，我想这几年，他并不快乐。

我带着孩子去了一边玩，隐隐约约听他们争吵了几句，接着就各奔东西了。

不管乔对前夫什么表情，但对孩子永远是微笑着的，就如同对未来，也是微笑着的。

两个人的人生。

我跟萱是好朋友，我是踩着高考这根独木桥"平步青云"的，萱不知经过人生多少条弯路正在马尔代夫享受阳光浴。

刚毕业那会儿，不管我当时的状态有多差，但在那群未享受过大学洗礼的初高中同学眼中，我简直就是神话。

我也希望自己是神话，但我心里真实地告诉我自己，我简直就是一个笑话。

日复一日干着相同的工作，尽管提不起精神，但还要装作每天都很开心的样子。

自从初中毕业，我都没见过萱，只是听说她经历了不少波折，因为一个女生在外闯荡，难免被人欺负。

屡战屡败，屡败屡战。

她的故事在朋友群里被肆意嘲笑着，有一次我看不下去了，就回了一句：有本事你来，不敢折腾，就少说废话。

当然，这句话被各种对话埋在了话堆里，可能大多数人都没看到。

说实话，对于我这种公司小职员，有些话不过是对自己说的，在某种程度上，我有些佩服萱，不管未来的她是否会成功。

毕业后，真正意义上的相见，是在回老家探亲的路上，我没认出来她，她变了，变得……应该说是漂亮成熟了。

因为我们老家离得并不远，再加上农村里的那点事，口口相传大家便都知道了。

萱在被逼婚。

听说萱的父母收了男方的彩礼，男方上门迎亲，萱不同意。

我的第一次胆大妄为献给了萱，我带她"私奔"了。

她在城里无亲无故，我收留了她。她父母打来电话，她从楼顶扔出手机，迎风而宣："这里，我会在这里扎根的。"

我想我后来的胆大妄为一定跟这个"疯"一般的女子有关。

萱去了夜校学习计算机，初中文化去学这个，是不是很"神话"？我当时是这么认为的。

在去夜校的同时，她找了许多工作来维持她的日常开销。

也有运气不好了，干了几个月，公司倒闭，她一分钱都没拿回来。

她从来没说过羡慕我的话，但我从眼神中可以看出来。其实，我没什么可羡慕的，如果有一天她说了这样的话，我会如同摔掉酒杯一样摔掉她这样的梦想，这样的平庸并不适合她。

我说得没错，她就适合折腾。

学完计算机，她并没有找到一个多么好的工作，所以没多久，她辞职了。

她贷款了。

贷款开了家公司。

创业，并不像励志故事书或是电视新闻那般说得那么动听和容易，操碎了心，萱的头发掉满地可以证明。

在那段没日没夜的日子里，萱老了许多，尽管老了许多，她还是得扑一层厚厚的粉底来掩饰，因为精神面貌会是对方选择是否合作的重要因素。

成功了，她也憔悴了，但这些憔悴也是值得的。

再一次在楼顶迎风喝酒时，萱哭了，笑着哭了。

隐忍 5 年，她打了一笔巨款回去，又打了个电话，最后衣锦还乡。

那些笑话她的，都选择了沉默，而她，只是给了那些人一个很美的笑容。

　　此刻，我对她的羡慕就如同她曾经对我的羡慕，但我不是她，所以我无法抛弃所有，只为了折腾一跳，人与人的一生，是不同的。

　　萱住别墅的时候，我依旧在公司干着重复的工作，陪着相同的笑脸，因为，在生命的道路上，我谈不上付出努力，所以理应得不到回报，毕竟，回报总在付出后。

感激那些
曾经的为难

听惯了那些热血沸腾，偶尔听一个小清新，会让心灵放空。

贫穷似乎与梦想无关，曾经的我是这么认为的，所以我选择了常规路——小学、初中、高中、大学、工作、结婚、生子，我甚至能预判我的未来。

很无趣。

生命再来一次，我依然会这么抉择，因为性格决定命运。

所以我一直很钦佩一个人——水仙，她贫穷、相貌平平。我们没啥交集，现在的她我并不知道在哪里，她也从来没认识过我，关于她，我都是零零碎碎从大学室友嘴中知道的。

我注意到她的时候，她已经在全校出名了。

这是一个画家连温饱都解决不了的年代，她却登上《华西都市报》，很牛，是吧？至少当时的我是这么认为的。

树大招风，关于她的那些流言蜚语满天飞。

不管别人信不信，反正我不信，我不信的理由很俗，这样的长相拿什么去潜。

每一个与她有过言语交锋的男生就会成为下一个新闻，久而久之，她默默一个人在走，路过操场的时候，我看见了她，她在写生。

后来有人传，她整容了，这不是传言，她真的整容了。

在一群女生围堵她的时候，她承认的。

承认了又如何，在毕业的时候，颜值给她的事业加了分。能让自己漂亮的方式很多，化妆和整容在本质上是一样的，没什么可歧视的。

对于美好，从古至今都让人陶醉的。

她签了一家不错的公司，艺人，羡慕吧？

所有人都羡慕。

所以在毕业那年，流言太多，她跟在外地的男朋友分手了。情比金坚也敌不过三人成虎。

她独自喝酒的那个晚上，我刚好在操场上跑步，偌大的草坪，只有她一个人在哭泣。

我递给她一包纸，她推开了，她说："你笑话我呀，没事，所有人都在笑，我不怕。"

"我没有。"我是这样说的。

我说的是真心话，一个连梦想是什么都不知道的人，我凭什么笑话别人。

毕业了，各自一方，况且她并不认识我，留给我的也不过是一些零零碎碎的"流言蜚语"，与我无关，所以也没必要铭记。

公司为了抚恤员工，给了我一张画展的门票，我本来没啥艺术细胞，对这样的画展也没什么兴趣，只是这昂贵的门票让我觉得不去可惜了。

我虽然不懂画，但达·芬奇我还是知道的，毕竟在课本中出见过。

为了迎合当时的气氛，我佯装很懂的样子随着人流走着，只是不言语，一言语就露馅了。前面的脚步突然停了，大家都围着一幅画细细看着，我也凑了进去。

自画像——水仙的，背景是纽约。

她在国外，至少她曾经去过国外。

我偷偷将这张画像拍了下来，放在校友群里，爆炸了，三言两语就展开讨论。

是的，他们为曾经的年幼无知道歉了，在这些有意识无意识的道歉中，我留意到一个人发出的QQ笑脸，这个人是水仙。

其他人也看到了，无限地追问没有了后续。

　　水仙给我发了一条私信：谢谢你曾经的那包纸，谢谢那些给我投石子的人，是他们让我渡过了万水千山。

　　我没有回复，因为我不知道说些什么。

　　如果算粉丝，我算是第一个吧，但我不懂画，只能做她人生的粉丝，关于人生，我懂得尚且不够多，也说不出那样心为之怦然心动的话，可能是人生阅历不够多。

亲爱的，
那可能不是爱情

什么叫青梅竹马？

一个女孩儿叫青梅，一个男孩儿叫竹马。

枫叶漫天，如同婚礼的花瓣。

年少有个游戏，叫作过家家，一个人饰演妈妈，一个人饰演爸爸，"妈妈"跟着"爸爸"漫山遍野寻找着可以做晚餐的素材，一个跑，一个追，"爸爸"多少有些不耐烦，"妈妈"多少委屈落泪。

漫山遍野地寻找，也不过摘几片树叶切成丝放在砖石砌成的灶台上翻翻炒炒。

童年，青梅就跟着竹马后面屁颠儿屁颠儿的。

那时，不叫爱情。

那个年代，也不懂什么是爱情。

随着懵懂的年纪过去，两人双双考入大学，竹马身边多了不少的女生，青梅才开始有了紧张。

通过各种分析、各种测试，没错，爱情如期而至了。

青梅设计了自己的婚纱，将自己的头像放在婚纱的脖颈处，旁边，当然配有竹马的照片。她小心翼翼放在画册中，尽管小心翼翼也没敌过她的粗心大意。

在上素描课的时候，这张画纸滑落了出来，全班同学都知道了，竹马也知道了。

青梅害羞地躲着竹马好几天，就这几天，竹马跟其他女生交往了。

这件事在院内传得沸沸扬扬，这次，青梅真的退出了竹马的生活。

青梅默默疗伤，在疗伤的过程中，她不温不火交了几个男朋友，但都由于"身在曹营心在汉"而在不言语中分手了。

不管多少次的分手也敌不过见竹马与他女朋友并肩而走的心痛。

后来，就没人再追青梅了。

缘分，是一件很奇妙的东西，毕业，青梅和竹马去了同一家公司担任设计，此刻，因为劳燕分飞，竹马恢复了单身。

青梅本想离职，但在递交辞呈表那天恰逢了竹马，竹马撕掉了辞呈，并骂了她的没出息。

她没离职，不单是因为竹马的那番痛骂，更多的是竹马单身了，她对竹马依旧存在着幻想。

繁重的工作给了他们很多相处的机会，这种感觉似乎又回到了从前，高中时面对面吃饭，遇到不懂的彼此讲解。

这种感觉里似乎没有怦然心动。

设计稿交出的时候，部门开庆功宴，青梅和竹马是功臣，先是大家的溢美之词，喝多了，大家就开始起哄，青梅沉默，但内心有着抵触，竹马只是摸着后脑勺傻笑，这样的笑容让青梅不知所措，她知道，竹马喜欢上了自己。

那，会不会是一种错觉？

如同青梅曾产生的错觉一样。

竹马直率，虽然有点害羞，但对于大家的起哄，竹马没说什么，在竹马准备说什么的时候，青梅一杯酒下肚，醉晕了。

竹马照顾了青梅一宿。

一宿之后，竹马单膝跪地，求婚。

青梅拉起竹马的手，"你动心了吗？"

没有，青梅从竹马惊愕的表情看出来了。

手拉手，并不一定就要天荒地老，此刻的感觉就像是小时候手拉手一起漫山遍野找"晚餐"，青梅只是被"妈妈"那样的角色所吸引，当那个为自己打架的男孩子不再属于自己的时候，那种失落也并不意味着那就叫爱情。

生活会阴差阳错给我们制造"谎言"，那样的"谎言"让我们错认了一个人，错认为那个人会陪我们天长地久、永生永世，可是，再精致的谎言，也不是事实。

当青梅告诉竹马这些的时候，竹马摸摸青梅的后脑勺，他们相视一笑。

通往罗马的路，
不止一条

蝉鸣震耳欲聋，不是盛暑，却烦躁不安。

我陪大姐坐在校门外，这里没有太多隐蔽，因为隐蔽的地方都站满了人。

所有人，脸上一个表情。

大姐挥着擦汗的帕子，企图能获得一丝凉意，但越扇汗珠越滚，于是她扇得更用力了。

一分一秒很焦灼，尽管家长都站到了离校门的百里外，尽管出门连落脚的地方都没有，但鸦雀无声，临街车子驶过的分贝似乎扩大了。

我企图跟大姐说两句，但大姐的表情打碎了我的念头，我只是打声招呼，说是过去买两瓶水，大姐连点头都心不在焉。

高考，我也经历过，掐指一算，十年了。

十年前，我们的课本没有垒到连抬头都不见头顶，下课了，走廊上三五一群听 MP3，课间操抱着不太乐意的心情，篮球场周围围着一群尖叫的女生，高中某个帅男靓女会让我们多看两眼。

高中，没有如今说的那般地狱，当然也不轻松，轻松的不过是心态罢了。

我们会因为一道题争得面红耳赤，相互对一道题，发现大家的答案都不一样；我们会前后排四个人比赛一张卷子谁做得快，输的人请吃饭；我们也会追一部电视剧，想方设法混出校园，看完或大快人心，或破口大骂；我们会在放假的时候跑很远的地方，只为看一眼梦了已久的大海……

什么是命运？

握在手里的才叫命运。

那时的天很蓝，空气还很清新，思想还不成熟，幼稚到不知道什么叫未来，我们懂的不过是听老师的话，所以我们会按时完成作业，按时背一整夜的单词，按时参加运动。

高考，不过是去做一张卷子，这张卷子跟人生无关。

我记得考完后，我们反而迷茫了，捧着一摞书脚底空空的，楼梯踩空摔倒，哭了，哭的不过是别离，仿佛生命被掏空了。

当然，我们也会撕书撒向天空，疯狂祭奠不知什么是青春的青春，会点一宿的蜡烛，相互告诉心底的那些小秘密——或哭或笑。

最后饭局，大吃大喝，班里最装乖的男生撕去伪装的面目，露出邪恶的表情，没错，那个人就是班长，吃着吃着就唱起了歌，关于离别的歌，唱得痛彻心扉，唱得不知所措，关于高考那些事，谁也不提，只是千杯诉离殇。

遛完弯儿，看看时间，那个结束的时间没变，变的只是不同以往的心情。

拿着水，我走到大姐面前，递给她，此刻，校门开了，她"来不及"接过我的水，挤着人群去寻找她的女儿。

众里寻他千百度，不是，不是，终于是了。

外甥女脸上的表情很不好，差点哭了出来，大姐也哭了，谁也没开口。我递给外甥女水，"喝完，再哭。"

回到宾馆吃饭时，死一般的寂静，外甥女一口没吃回了房。

我紧跟其后，刚走到房间，外甥女就抱着枕头号哭，"我的人生就这么毁了，毁了……"

那一刻，就如同疯了。

"毁了就毁了吧，也不影响活着，渡河除了过桥，还可以坐船。"

外甥女愣愣的。

"睡一觉，起来赶紧去吃饭，去把卷子做完了，那只是一张卷子而已。"

外甥女睡了一觉，吃了饭，喝了水，然后走出宾馆，整个过程都充满了笑容，人生，就应该以笑容面对。

你猜，结果如何？

经历过，结果还重要吗？

我们未曾孤独

"找呀找呀找朋友，找到一个好朋友，敬个礼，握握手，你是我的好朋友……"

好朋友，吃喝打闹，闹着闹着我们就长大了。

幼儿园，我们为一块小蛋糕"厮打"，谁欺负了谁，谁怕了谁；小学，我们跳着绳、踢着毽子，拉着帮结着派，叫嚣着哭着回去找爸妈；初中，我们追着相同的电视剧，人在江湖身不由己，不懂，但都习惯这样说着；高中，我们听着某歌星的歌聊着某影星的八卦，学习吐字不清的口气，哟，不错哦！

大学，短暂的形单影只让我们强说愁，谁和谁在一起了，我们各自都和谁在一起了；毕业了，幸运的始终在相守，不幸的一个人背着行囊迎着落日开始思考人生，一个人，突然怕了孤独。

"我们"是一个词，但有着不同的意思，身旁的人来去如风，扔下一片回忆在心中荡漾，那个人，在哪里？在干什么？不知道。过得好不好？应该不错。

寂寞，我与你感同身受。

都市，越是繁荣的都市，越是写满了孤独，尤其是闪烁的霓虹灯。拖着行李箱走在天桥上，不知该走向何方，何方才写着归属。

辗转找到好友，好友脸上洋溢的幸福挑逗着我的回忆，那些回忆如放电影般在眼前浮现，甜蜜得想哭，我想你也经历过。

巴掌大的房间，我该睡到哪里？走吧，再不走就只能睡厕所了。

工作，北漂人的梦想；工资，够用就好。

能再好点吗？现实告诉你，不能。

很抱歉，我走了，我觉得自己迟早都会走的，因为这里每片砖瓦，都需要我倾尽所有，重点是我一无所有。

火车，我认为是最可以抒写心情的，这里尽管嘈杂，但思绪并不在这里，侧脸看千山万水，抛撒各种情绪，没人找你罚款。

吃一口父母的饭菜，鼻子很酸。

走了，又走了，走在一个人的路上，不敢回头，回头会让他们看见已泪流满面的脸。

车轮子转动，转向连自己都不知道的未来。

工作了，一个人奔跑，很累，很累也得坚持，因为谁也不会为我提供一顿免费的午餐。强颜欢笑，只是为了一个业务，等对方走后，一个人在会议室面无表情。

停下来歇歇，但所有的停歇都会让你永久停歇，所以，奔跑吧，青年。

跑着跑着，孤独，是什么？

加班到 12 点，一个人坐在办公室哭了。

年龄大了，该结婚了，再不结婚我真的老了。

婚后，有人给你端茶送水，这种感觉不太适应，于是给自己倒一杯咖啡，坐在有阳光的地方，发现被阳光拖长的影子，随着"东升西落"，影子时长时短，如果可以，我真想跟她握手，感谢她陪我的那些年，感谢她不抱怨我的那些年。

原来，我忽视她了那么多年。

车流不息、人来人往，周遭的人如同四季更替般，春不是那个春，秋不是那个秋，但我们何曾孤独过，孤独的不过是"矫情"的情绪。

如果再来一次，我会走在阳光里，与影同行，微笑以对。

第五辑

强大的女子，
坚韧对事，温柔对人

从出生到 18 岁，一个女孩子需要好的父母；

18 岁到 35 岁，她需要姣好的容貌；

35 岁到 55 岁，她需要良好的个性；

55 岁以后，她需要的是钞票。

——塔克

强大的女子，
坚韧对事，温柔对人

胡一菲，再强悍，也会温柔一笑，正因为那温柔一笑，曾小贤爱了。

女强人，你想，我也想。

一菲，非胡一菲，也是女博士，我毕业 7 年，她完成了博士学位，她总是对我们的"小日子"表示不屑，她的理想抱负如同改变世界，目标十分彪悍。

入职后，她指点商场，雷厉风行，对于她，我多少有点敬畏地害怕，喝咖啡都能喝得心惊胆战。当然，她不是对我的怒斥，而是那一杯咖啡时间的 10 个电话，颇有震撼力。

从此，我再也不敢找她。

关于后来的事，源自我的一个员工，从一菲所在的公司跳槽过来的。

怕她的不仅是她的员工，还有老板，听起来就像笑话，是不是？但我信。

为什么老板不开除她？

一个能盈利的员工，你会开除吗？

自动请辞的员工不止我手下这个，而是全部，我的员工是最后一个。

我想，没有小兵的将领也走到头了，所以，我去找了她。当我找到一菲的时候，她在自酌，自酌得不省人事。

苦闷，感同身受过。

一菲醒的时候，看到我，鼻子一酸，她以为全世界都抛弃了她。

一菲不会做饭，厨房形同虚设，她所有的餐饭都来自外卖，以至于送外卖的小哥都已经认识了她——那个很邋遢的她。

房子乱得找不到落脚点，公司的材料随处都是，我从来没见过如此卖命的员工，当然，我不需要这样的员工，会把我的饭碗抢了的。

玩笑一下。

不过我真的不需要这样的员工，在我眼中，生活也是工作的一部分，他们应该懂得生活，这样他们才能懂得如何工作。

我拉着一菲去菜市场买菜，想来无事，她就跟着我去了，在她眼中，这种琐事，太不屑了，她甚至流露出对菜市场的厌恶。

买完菜，不是我做给她的，而是我在一旁教她做的。

饭菜不怎么好吃，但我还是吃了很多，她脸上流露出的忐忑瞬间转化为喜悦。

在后来的很长一段时间里，她没去工作，但我每天都会上去蹭一顿饭，我在感觉饭菜在真正地趋于好吃，而且每天花样都不一样。

小小的成就感让她笑了，疯狂地工作可没有让她这样笑。当然，这属于小女人的笑。

每来一次，我发现房子从干净到整洁，再到漂亮，这是每一次用心地点缀。

一菲工作了，依旧坚韧，坚韧是她的人生，可在人生中不应只有坚韧，还有那温柔一笑。

一菲寄来婚帖时，我有些小激动，这会是怎样的新郎？

由于激动，我要求一菲爆照，一菲扭捏，我有点不习惯。

婚礼上，男神终于出现了，一表人才，女神出现了，温柔如水，大跌了来宾的眼镜，现在的一菲确实让人有点不太习惯。

婚后，有多幸福，难以言表，至少常常让我跺脚，应该读个博士的。

身为女子，"人格分裂"——坚韧对事，温柔对人，有利于提高幸福指数，幸福，别走，我足够温柔哦！

婆婆的智慧

过年回家。

婆婆：找啥呢？

我：钱丢了。

婆婆：丢了多少？

我：100。

婆婆：给你，咱不差钱。

婆婆：你这衣服，太难看了，走，上街。

我：算了，不花那冤枉钱。

一小时后。

婆婆：给，试试，好看不？

我一看标签，1300多。

婆婆：人漂亮，穿啥都好看，对了，还有一双高跟鞋，跟这衣服，俺看配，你穿上试试。

婆婆：今天中午吃啥？烙葱花饼，咋样？

我：昨天包的饺子还没吃完呢，吃饺子吧！

婆婆：吃过一次了，对了，晚上喝小米粥，你觉得咋样？

儿子生病。

婆婆：别急。

我：我不着急。

婆婆急哭了。

离开家乡。

婆婆：你们啥时候回来？俺想你们了。

我：工作太忙了，可能回不去了。

婆婆：那俺过去看你们。

1400 公里，婆婆不识字。

婆婆：俺带了你爱吃的蜜枣、小米、舂米鸡蛋……对了，还有一只老母鸡，晚上咱炖了吃。

婆婆：俺买了个智能手机。

我：多少钱？

婆婆：2000 多。

我上网一查，这手机最多值 500 块。

我：你买这干啥？

婆婆：俺听老板说使这个不管多远都能瞧见你们，所以俺就买了，你教俺怎么使，以后俺想你们了，就使这个看你们。

我想，将来，我也会成为这样的婆婆。

内心高贵的女子
最优雅

优雅、气质跟我人生似乎不太搭边，但我很欣赏优雅、气质的女人。绝不是做作。

我也讨厌做作的女人。

我曾认识过这样的女人，矫情做作，我们暂且叫她 F。

F 较院花差得太远，但总想与院花匹敌，所以她会每天吃一顿饭、化两个小时的妆，用一个小时去搭配衣服，寻求各个角度的完美。

我用了一个很适合的词语放在她的身上，花瓶——不代表好看，只是放在任何场合，以她认为最美的姿势展现在众人面前，企图招引更多的追求者，众多的追求只是为了满足她的虚荣感。

所以跟她吃饭，很没有食欲。

我跟院花不熟，偶然的碰面，不过是去她寝室找另一个同学借东西，礼貌，微笑，我瞬间感觉受宠若惊。

身为一个女生，这样的词语用得不那么贴切，但我真的找不到更贴切的词语了。

那时候还没有"女神"这样的称呼，但给人的感觉绝对是高冷，因为男生都不敢靠近她。

我跟高冷的人不合拍，所以也只限于欣赏她的美。

在跟同学商讨的时候，她只是安静地看着书，那种外露的气质，我想 F 永远不懂，她最喜欢研究的是睫毛如何够翘。

临走前，她微微一笑，"走了？下次来玩。"

下次，我就真的来玩了，来往几次，我们就成了好朋友。

激动，无比地激动。

优雅，绝不意味着典型的长发飘飘，双手捧着咖啡微微一抿的优雅。

院花大胆尝试着各种发型、化很奇怪的妆，尽管有时候很雷人，但气质在那里，那叫时尚，我是这么帮她对外解释的。

她只能微笑，尴尬。

漂亮的女孩儿有人追，但她只喜欢一个人追，那就是她的男朋友，所以高冷是为了某个人。

陪她去看男朋友的时候，她脸上洋溢的笑容如向日葵迎来八点钟的太阳。

期盼已久的牵手却变成了分手。

宾馆外，很冷，但她始终不愿走进去，一宿，就这样站了过去，遥远一看如冰雕般。

她不想看到的那一幕，却要亲眼看到，否则谁的话她都不信。

对于那一幕，她一句话都没有说，其实，冻硬的身体根本没法移动，脚步也迈不开，你见过僵尸吗？对，她就这样蹦着走的，积雪滑倒了她，那个男生来扶，她连多看他一眼的心情都没有，因为恶心，他成为了她高冷的对象。

当我扶她离开时，她的脸上没有表情。

后来她发烧了，发烧烧掉了他们之间所有的回忆。

她依旧优雅，优雅地面对她的未来。

我不知道她分手的事情是从哪里传出来的，F领头嘲笑了，如街头市井。

这件事，只有我知道，她会不会误会我？我应该竭力去解释一下，不是吗？相不相信，那是她的事。

我还没开口，她说她知道不是我，她说不管是谁，都无所谓了。

有些东西，不是模仿就能来的，有些东西即便模仿了，那也是东施效颦，东施效颦，你懂吗？走路很难看，走到哪里都很难看。

　　大学，不管经历了什么，都会一笑泯恩仇，因为谁也说不准这会不会是最后一面，所以 F 道歉了，也认输了，没事，输掉了面子，赢得了相拥一抱。

　　几年后与院花重逢，她比从前更漂亮了，但不管怎么变，不管她身上的衣裳多时尚，那样的气质始终不会变，因为优雅，从内而外。

生活
需要一点任性的折腾

"我就这样，不爱，你走呀！"

他走了，你哭了。

青春之所以美，美在任性；青春之所以痛，痛在任性。时间沉淀出的回忆，或笑或哭，当有一天释怀了，与故人重逢，浅浅一笑。

关于那些甜蜜刺骨的对白，他或许也在怀念。

跟一个异性朋友聊天，就如同挖掘一个男人内心的秘密给大家分享，我想你听了，你会开心。

关于年少无知的任性，他们怀念，但不留念。所以若干年后再遇曾经，即便各自没有婚娶，他们也会让曾经爱的那个人擦肩而去。

鹏爱过一个女孩儿，很爱，至少曾经是这样的。

大学，爱情普照大地，当他拉着女孩儿的手漫步在草地上，他想，这辈子就这样吧！阳光雨露是爱情最好的见证。

真正的感情是安安静静就会来的，一点都不折腾。

大多数的感情都是安安静静来的，鹏的也是，他就想这样波澜不惊、平平静静相守一辈子，赏日月繁星。

"分手吧！"

当这几个字传入鹏的大脑时，脑波快速处理讯息，但卡壳了。

因为什么事？说错了哪句话？到底发生了什么？

鹏琢磨了好几天，前后的思绪有点衔接不上，这题怎么比高数还难。

"郁闷啥？跟女朋友吵架了？因为啥？不管因为啥，赶紧买个礼物哄哄，我就这 50 了，别说哥们儿不够义气，就这么多了，对了，有钱别忘了还。"室友哥们儿拍拍鹏的肩。

我们可以假想一下女生那边的情形，尽管是假想，但肯定真实，因为这是大多数女生的经历，绝对带着哭腔。

"你说他是不是成心的，偷瞄了其他女生的腿，还装无辜，他要是喜欢那个女生，本小姐大方，退出了就是了，你说这都过了几天了，也不过来找我，要分手明说呀，本小姐不怕，你说他是不是真的想分手，去找其他女生。"

说得如此不合逻辑，但我们常这么说，只是我将它们拼凑在了一起。

赔礼道歉，和好如初，但许多事又如出一辙，分分合合，干脆就真分了吧！

最后一次分手，他没去找她，她来找他，但已经晚了，所有的耐心已经被任性消磨完了。

鹏尽管告别了那个女孩儿，但也会时常想起曾经在一起的甜蜜，也会想起嘴角上翘的生气、争争吵吵，但如果再来一次，他依旧会做相同的选择，尽管未来再也遇不到那个独一无二的青春。

有些东西，只适合放在回忆里。

后来成长了，成熟了，不管是成长还是成熟，都和经历有关。

人到了一定的年龄，到了该安静的年龄，却有些怀念那些曾泛起涟漪，毕竟那是青春的印记，而且是唯一的，以后也遇不到了。

越来越大、越来越老，生活逼我们坚强，坚强的人生没有过多的解释，来则来，走则走，大不了独自捂着被子大哭一场，哭过，生活依旧。

连生活琐事也是如此，内心的倔强只是为了不值钱的尊严，面对爱人，亦是如此。

何苦呢？

倔强的任性，适度的争吵，告知对方他很重要，维系家庭的不只是责任，当责任的压力压得喘不过气时，为一些不值得大动干戈的事情，拌几句嘴，调剂一下生活，任性一点，干几件"出格"的事，捉弄一下他、捉弄一下生活，趁还没老去，瞳孔中肆意放任天真。

谈吐决定你的气质

记得在大学修过一门选修课，跟礼仪有关，好像是《交际与礼仪》。

胖老师略带夸张地演示我们平时的"陋习"，我们哄堂大笑，胖老师饶有兴致地跟我们讲着国外的礼仪，我们也饶有兴致地听着，课下也饶有兴致地用书放在头顶学"猫步"。

我记得我们当时的期中考核就是给自己印名片，将这些名片发给你认为有必要给的人。在大家饶有兴致地讨论应该将这些名片发给谁的时候，我在想，应该在这张名片上写些什么。

那次评估，我得了满分。

你猜，我写了什么？

名字加电话号码。

没想到这是后来很推崇的名片。

没有完整的信息，那是因为我没有信息可填，而现在，是因为简洁大方。

胖老师在最后那堂课解释了那个满分的原因，他说，他周游全世界，在礼仪方面，中国当属礼仪之邦，之所以这么称呼，不是因为上下五千年，而是因为中国人的谈吐，含蓄大方。

在他眼中，谈吐才是最好的名片。

一次误会引起的满分，可能没多少人记得，但我记得。即便我后来并没能成为谈吐优雅的女孩子，也没有姣好的容颜，但还好，名片印出来不愁发不出去，在得闲的时候，能收到几个电话，简略地问候。

我见过"谈吐"改变命运的。

佳佳是我在职时的一个同事，说话不缓不急，啰嗦跟她无缘，总是能做到恰到好处说上几句，给人很温暖的感觉，而且喜怒不言于色。

公司总喜欢安排她去谈业务，她不是多么会说，只是谈吐气质总能引起对方听觉上的享受，追求者也不是追求于她的外貌，而是谈吐，不漂亮但舒服的女生最适合步入婚姻的殿堂。

临走前，她的名字早已深入人心，因为谈吐已然是她的名片。

我见过最夸张的求婚方式，气球满天，玫瑰花在任何能放置的地方摆满了心形。

心动了吧？

见过那个画面的都已然心动。

佳佳嫁了，但不是当时，若是只为你疯狂，那就果断嫁了，就怕能为任何女人疯狂的男人。

观察期持续了两年之久，佳佳以朋友的身份考验着自己未来的另一半，朋友之交淡如水，就在这样淡如水的相处中，兴趣相投。

一旦牵了，就白头偕老。

这是佳佳一直处于单身的原因，婚后，她依旧在公司，一切如旧，谈业务，戴着婚戒。每当对方看到这枚婚戒，无不惋惜于自己应该早一点出现。

有些东西，学不来，拿不走，失不去，习惯，谈吐也是一种习惯。

胖老师说，言行是气质的全部，"言"占了七成。

在国外，"淑女"是一种职业，这种职业就是培养一个个有气质的女性，而谈吐占据了课程的大部分，从这里出来的女性大部分嫁给了贵族。

好听的声音来自上天，舒服的话来自自己。

幸福，
你可以贪婪地要许多

朋友已过，恋人未达。

有一种牵手，并不意味着那是爱情。

每个人生命中都会出现这样一个男生，在哭泣落泪时，为你打架，而不肯给你一个拥抱；在打雷下雨天时，提醒你穿衣打伞，而不肯为你脱衣撑伞；在感冒生病时，一天三次电话问候，而不肯为你买药熬粥……

这种男生总能让你温暖，却永远焐不热你的心。

思语遇到轩 15 年，所以 15 年她一成不变——外表娇弱，内心坚强。

在那些不知情爱的花季，生命被卷子堆积着，但有轩在，一切都不是事，世界就像玻璃珠在他手里一样——总能玩转。

"中不溜儿"用来形容思语的成绩再合适不过，但中学的座位是按成绩排的，那个最中间、最黄金的位置总是属于思语的，因为那是轩留给她的。

他们同桌 6 年。

"同桌六年，如果可以，在一起吧！"这是高中毕业后，聚餐时室友告诉她的。

在一起？思语瞳孔微微跳，她红着脸看着轩，轩在放声歌唱，思语想跑过去相拥一抱，但最终还是放弃了。

《匆匆那年》中，方茴跑上去抱住陈寻，是因为陈寻眼中有她。

而他呢？思语不确定。

而且，大学将两人放在 A 城 B 市，似乎不再有太多交集了，也许各自有了另一半了，也就各自忘记了，朋友也是经得起忘的。

想到这里，思语鼻子一酸。

习惯，好可怕的东西，即便分开后。

大学，看着室友各自挽着另一半，或笑或哭，她也羡慕这样的精彩，可当有人来表白时，她又拒之门外，拨通那个熟悉的电话，享受电话那头的寒暄温暖。

心很暖，为什么不热？

毕业后，思语工作了，关于那个电话，她铭记着，尽管换了很多手机，因为那个电话号码从来没变过，她也不想她的习惯改变。

水管坏了，轩会教思语怎么做，会提醒她小心翼翼，明明在一个城市，明明在一个小区，明明下楼上楼就能解决问题，可是，轩在楼下，不会上来。

剩女，好尴尬的词语，思语没想过自己会熬到这样的年纪。

亲朋好友给她介绍对象，她将这个如同笑话一般讲给轩听，而内心却很认真地处理着这件事，她希望轩霸道地告知她——"你是我的！"

"去吧，你年龄也不小了……"

他一定也是在讲笑话，可这笑话怎么这么痛呢？

思语很听轩的话，一直都是，这次也应该是。

思语去了，跟一个不错的男子交往了，思语将这个好消息告诉轩，轩挂断了电话。

15 年，断于一瞬间。

思语以为自己会很难过，但那一刻却很轻松，尽管被判了死刑。原来，判刑前的煎熬才是一切痛苦的根源。

轩搬离了小区，就如同走出她的生活，伸手触摸不到的幸福，为何要垂死挣扎着？也会，转身就会碰到"幸福"。

思语的男朋友很爱她，多爱？思语也不知道，因为她不知道怎么衡量。她只知道在哭泣落泪时，会为你打架，也会给你拥抱；在打雷下雨时，会提醒你穿衣打伞，也会为你脱衣撑伞；在感冒生病时，会一天三次电话问候，也会为你买药熬粥……

思语不是发现一个未知的世界，而是惊醒了一个自己。

幸福，你可以贪婪地要许多，再多也都不要嫌多。

属于你的，
总会归来

失落，彷徨，没日没夜。

你知道晚霞有多美吗？

在那段没日没夜的时光中，我就只觉得晚霞美，美到落泪也不知泪滑下，美到我觉得世间万物都是丑陋的。

一周，还是 10 天，忘了，总之那时的我是开心的，很开心，多开心？不知道，只是记得错把牙膏当成了洗面奶，忘乎所以，对，应该是这样的。

我定了去某市的机票，用尽了我苦苦积攒的最后一笔钱，一个馒头会不会很贵？但当时我觉得贵极了。

机票，多么奢侈！

我当时想，要么奢侈一回，要么奢侈一辈子。

这就是我去往某市的原因。

身为一个女孩子，一个刚踏入社会的女孩子，对一切都充满了信任，对一切都没有防备，心有多美，世界就有多美。

我小心翼翼攥着手里那几张手抄稿，如同珍视生命一般。

到了，终于到了，大厦上那几个字让我有着喜极而泣的感动。

大厦金碧辉煌，走在人群当中，从门前玻璃处反射出自己的落魄，可这已经是我最好的衣服了。

我小心翼翼按了 22 楼，用余光左右看看高跟鞋的锃光瓦亮，似乎在我看他们的时候，他们也看着我，我相对于他们来说太不同了。

"有预约吗？"前台打量了我的样子，然后低头漠然一句。

"有，方总让我 3 点过来。"我打量着她脸上的妆容，特别精致，我的素颜显得很没有颜值。

前台有些不太相信："你先等等，我打个电话。"

经过一番确认，她说："方总谈业务去了，你先去休息室等候。"

临走前，我多瞅了她几眼，好看的人，真的想多看几眼。

坐在休息室，我想着各种开场白，或喜或悲，但最悲也没想到连人都没看到。我被前台遣了回去，话说今晚，我应该住在哪里？

我坐在了商场外的座椅上，如同乞丐一般，不，应该说还不如乞丐，乞丐最起码有吃的。

到了第二天，前台说："不好意思，方总出差了，有时间再约。"

还有比这更糟糕的吗？

眼泪滑落在剧本上，该死的梦想。

这件事从此没了下文。

后来我就去上班了，找了一个混得过去的工作，养活自己，也安抚受伤的心。

我没想过自己的这件事还有下文。

真正写剧本是从辞职后，从皮毛到专业，每一样都学得细致，而且欢喜，尽管道路黑得伸手不见五指。

再坏的结果也不过如多年前，辗转一番白折腾，没错，我又白折腾了很多次，与其说心态平和，不如说麻木。

麻木很久之后，一个电话惊醒了我的梦，我在睡梦中随手一抓，连声音都充满了睡意。

睡意很快被赶走了，只剩下惊讶，接着是不知所措。

很多年后，我又踏上了那条路，那条路有多远，很精准的 1000 公里。

到了，同样金碧辉煌，我依旧穿着朴素，那里进出的人依旧精致完美，也许他们依旧用诧异的眼光看我，但我看他们，已没有丝毫感觉，因为每个人的生活，没必要一样。

我见到了方总，谈得顺利，很顺利。

本可以坐飞机的我选择了坐曾经的那班火车。出车站的时候，晚霞好美，一切皆好美。

生存
是一个人的战役

贫穷不可怕，可怕的是没有生存的能力。

鹊家境贫寒，那时的我们都很贫寒，所以大家都贫寒地活着，没人怨天哀地，很和谐。

我、鹊、笙住在一个屋檐下，彼此没有秘密，也都没有男朋友，女生的世界，男生禁止入内，我们时常这样玩笑着。

这算是初入社会遇到最幸运的事了，刚毕业那会儿，我身无分文辗转到这座城市，鹊丢了钱包，笙丢了行李，我们好不容易聚集在一座城市、一间房子，天真地以为终于找到了落脚点，结果第二天却被赶了出来，因为跟我们签合同的并不是真正的房东，不过是之前的房客。

那天已入了秋，风冷飕飕的，我们抱成一团度过了一宿，我记得鹊给很远房的亲戚打了电话，我们三个厚着脸皮在那里蹭住了一个礼拜，每次回去我们都低着头，那时候尊严不值一分一厘。

一个礼拜后，我们齐心找了一个五环外的房子，放眼望去，一无所有。

挺好的，至少清静。

我们的第一顿饭是煮泡面，没水没气。

你能想象偌大的电磁炉上放着一个巴掌大的锅吗？

电磁炉是笙留下的唯一家当，而巴掌大的牛奶锅是鹊的，我去买了一桶矿泉水和方便面，鹊说差点什么，于是我去楼下那片荒地上拔了两棵野菜，笙问能吃吗？鹊已经饿得不行，吃上好几口。

我记得那野菜有点苦，也有点甜。

那一晚好臭，因为没水洗脚。

后来，我们分头找了工作，从好几里外买一个礼拜的菜。

下馆子，如同过年一般。

突然，有一天就过年了，可离过年真的还有好久。

鹊有男朋友了，我们举杯同庆，喝完就醉了，醉了就哭了，她一定要幸福，不然对不起我们的默默祝福。

鹊搬出去了，结了婚，住了新房。

北京，我想都不敢想的地方，鹊住了下来，真是好命。

鹊辞了工作，做起了全职太太，多么完美的职业，她只负责貌美如花。

我也想，我真的想，衣来伸手饭来张口，谁不想？

看着空空如也的房子，我们舍不得租出去，因为那里装满了回忆，比如那晚的臭房子，鹊的脚真臭。

一年后，笙说北京不是她适合待的地儿，所以她走了，走就走吧，为啥要告诉我，还得挥手一别，还得挥泪心痛，真是麻烦。

都走了，我留在这里干嘛，我也走吧。

走之前，我去看了鹊，鹊离婚了，有大笔的钱，住在大房子里，只是没饭吃，因为她不做。

没饭吃，我们还有泡面呢！泡面也挺好吃的，尤其是那野菜。

所以我去挖了很多野菜，偷偷拿到火锅店，还买了两包泡面，不知道为什么，味道不如从前好吃了，是因为有火锅底料吗？

鹊让服务员倒掉火锅底料，留一个大盆子，我往里面倒满了纯净水，那味道太赞了，只是笙不在。

我走后，鹊打电话说她去找了份工作，这么有钱，还要工作，到底图什么？

她说生存，一直都是一个人的事。

鹊说的，我忘记她后面说了什么，我突然好想吃野菜，只是离开北京，就再也没吃过了，不知道笙怎么样，说走就走了，也没说什么时候聚聚，怪想的。

越忙乱的时候，
越要放空

一件事如同热锅上的蚂蚁，跳跳就过了，几件事如同热锅上的蚂蚁，直接糊了。

我的一个作者朋友施在接到截稿通知的时候，两眼发傻，稿子才写了一半，如果不吃不喝不睡，还能高效率完成稿子，那么时间刚刚好，可是，这怎么可能？

此时的她还在打扫着刚装修好的房子，看着房子乱七八糟，租房又眼看到期。

施无奈吐了口气，停止手上的工作，坐在书桌前，可当她准备奋笔疾书的时候，一个电话又来了，剧本截稿日子也到了，催稿跟催命似的，出去玩得太疯，回来居然忘记还有这事。

热锅上的蚂蚁，就是形容她现在的样子。

苦闷、烦躁。

下笔都不知道写些什么。

看着电脑上蹦出的新闻，看看朋友圈，施企图让自己冷静下来，或者寻找一点灵感。

灵感这种东西，勉强不来。

施翻过几本书，从中好不容易捕捉到一点灵感，结果又被一个电话吓走了。

公司临时通知加班。

施连饭都没吃，随意盘起乱糟糟的头发，就往公司跑，郊区到市中心，两个小时。

匆匆忙忙在地铁口买了票，看着如长龙般的人群，施恨不得身上长出一对翅膀。总算通过安检了，她踩着高跟鞋穿过人群跑下楼梯，地铁刚好来，跑，喘气，总算有一件事是幸运的，施感觉地铁的方向不太对，抬头一看，反了。

下地铁，穿到地铁对面，等地铁的时候，看到一对恋人你侬我侬，她突然想起分手不久的男朋友，曾经的她是全职作者，但作为一个新人单纯靠写作维持生计实在太难了，分手后，为了生计，她不得不外出寻觅一份工作。

已经几年不工作的她再次步入职场相当陌生，处处碰壁。

当她回忆自己那些不堪回首的往事时，列车驶过，吹动她的裙摆，她心微微触动，班车错过了。

出地铁，下雨了，到公司，迟到了。

能再倒霉点吗？

当然还有，施跟主管吵起来了，当施走出公司的时候，感觉天塌了。

一向节俭的施决定打车回去，以此宣泄自己的不良心情，可没想到，一只胳膊挡在了她的眼前。

天意，果然是天意。

施哭了，那个男人看得莫名其妙，不过还是让她上了车，上车之后才知道那是他的车，施再次看了她预约的车牌号，果然尴尬。

施要求停车，那个男人说，既然上来了就别下了。

施没下，一辈子也没下了，后来那个男人成为了她老公。

为了表示歉意，施请男人上去喝咖啡，上楼才想起来，家没搬完，于是一起收拾了房子，歉意让他们后来有了约会的机会。

房子收拾完，男人走了，施累得已经找不到东南西北，于是选择美美睡了一觉，一觉完后，天空放晴了。

吃完早餐，给主管打电话道歉，跟编辑再约交稿时间，放弃剧本，似乎一切都明朗了。

施独自回味昨天发生的一切，将这一切讲给那个认识不久的男人，原来，自己变成热锅上的蚂蚁，不，应该是烤糊的蚂蚁。

男人告诉施，若有下一次，诸事不顺、诸事全在一起的时候，放飞自己，因为烤糊的蚂蚁寸步难行。

因为一句话，施被眼前的男人迷住了，她突然觉得身边应该有个人为自己"指点迷津"了。

美，
只为取悦自己

胖胖是一同学的外号，因为她很胖。

胖胖初中就 120 斤，在童言无忌的年纪，胖胖反感那些跟体重有关的字眼儿，她一直等待长度改变宽度，可是并不如她期待的那样，所以上大学的时候，床承受不了她的重量，她不得不去外面租房子。

关于减肥，她有着不敢尝试的情节，因为跑步会让她全身的肉上下颤动，这画面太具有"美"感。

后来，我们打听到她喜欢一个男生，学生会主席，有点像天鹅跟癞蛤蟆的感觉，只是胖胖才是那只"蛤蟆"。

经过一番搜索，我们终于弄清楚了学生会主席的资料，阿亮，有女朋友，这算是经典提炼了，起初我们是不想伤害胖胖，但后面想着趁此让胖胖减肥。

幸好阿亮的女朋友在外地，这才圆了我们的计划。

陪她减肥，也顺便修正一下我们自己的身材，女孩子，身材苗条穿衣服才漂亮，要知道夏天要来了，三月不减肥，四、五、六月徒伤悲。

那段减肥的日子里，饭菜一汤碗，拒绝一切甜食、面食，晚上大家手牵手闭着眼走过食堂，晚上一起去健身房跳肚皮舞，胖胖的样子就像功夫熊猫，我们笑着，她也笑了。

夏天来了，胖胖想穿裙子，尽管瘦了 20 斤，但仍然没有她能穿的裙子，她盯着那件亮黄色的裙子傻傻愣愣了好久。

我不知道胖胖是为了那条裙子还是为了阿亮，总之，那一年，她瘦了 50 斤。

第二年夏季来了，胖胖说她想穿着那条裙子去向阿亮表白。

我们的噩梦。

我们以各种理由劝她，比如现在还不是时候，唯一的理由，也是真实的理由，我们没法说出口。因为那些风雨兼程的日子，因为那些最后几米的坚持，一想到那转瞬间的难过，回忆，我们太不堪回首了。

如期所望，失败，伤心。

有人说，食物是化解难过的解药，这种自我心理安慰的方法，我们一直在用，胖胖也是。但这一次，她没有，面对美食，她愣住了，我们也愣住了。

她说，这一吃，辜负了你们的陪伴努力。

我们感动得稀里哗啦。

最后，我们去 K 了歌，既能发泄，又能减肥，多好。唱到最后，大家横七竖八，如同喝醉一般。

第二天，胖胖到寝室找我们跑步，我们还沉睡在劳累中。我们带着"不情愿"去跑了步。

又是一年，毕业那年，胖胖瘦了，很瘦，她很恰当地衬出衣服的漂亮。

在招聘会的现场，我们遇到了阿亮，阿亮挽着他的女朋友，胖胖虽然眼睛湿润，但还是爽快地打了招呼，显然，阿亮没认出来。

自此，胖胖没有胖过，总是气质端庄出现在众目睽睽之下。

后来，她恋爱了，结婚了，生孩子了。

作为女人来说，算是功德圆满了，即便失去美好的身材，那也是为了繁衍下一代的结果。

胖胖很聪明，因为，"美"除了取悦别人，更多的是取悦自己，那些能让自己开心，为何不可？

这个道理，或许胖胖在大学就懂了。

所以在一堆婚后生过孩子、身材臃肿的妇女之中，她的高挑漂亮总是能引起别人望上两眼。

体重，捏在手里，就如同未来捏在手里，未来从来都只是一个人的事。

第六辑　融入职场是
事业的第一步

　　每一个初入职场的新人都觉得应该树立自己的
榜样，
　　并以此为努力的方向。
　　其实师不必贤于弟子，
　　你需要超越的，只是自己。

　　　　　　　　　　　　　　　　　　——潘力

平衡"个性"与"共性"

最近，思雅状态不太好。

思雅是我们公司新聘的员工，形象气质给她增加了不少分，所以在聘用的时候我挑中了她。

刚进公司的时候，她挺合群，能力虽谈不上多好，但人挺虚心，有问题就请教，挺受男女同事的喜欢，追求者也不少。

最近怎么了？

当我想这个问题的时候，她递给我一份辞呈。

身为领导，她请我吃了饭，对于她的所想，她总是三缄其口，叹气三声，想想又算了。

我想，这种情况莫过于同事间的小摩擦。大学时，我们习惯了寝室的小世界，摩擦张口破骂后又一起胳膊挽着胳膊去了食堂，毕业了，公司这种三缄其口的"大"世界，有些话变得不说憋屈，说了矫情，感觉拉开了两个人的距离。

当这种问题出现在两个人之间还好，一杯咖啡可能能解决，但一群人，一人一杯咖啡总显得高调，无所表示又让自己处于尴尬的地位。

至于到底发生了什么，我依然不知，但我扣下了那份辞呈，并临时给她安排了一份工作，一份她并不太熟悉，而且需要多人协助的工作。

我知道她的工作没有太多进展，但我还是每天追问着，她有些不耐烦，一心就想着辞职，我有些愤怒了，"职业操守，你懂吗？不懂就不要工作了，回家结婚生孩子，什么时候把工作干完了，我什么时候给你签字。"

她带着哭腔跑了出去，看着材料发呆。

因为公司的一个项目告捷，公司决定去庆祝一下，所有人都很开心，只有她不太乐意，所以我特意强调了，"人人都必须到，这也是工作任务之一。"

自助餐上，三五人一群侃侃而谈，而她在角落心不在焉看着这一切。

举杯共庆时，我让老员工对思雅多加照顾，思雅很聪明，拿起酒瓶一一斟酒，然后共同举杯，一饮而尽，千言万语一杯酒。

散场后，思雅找到我，我们迎着月光小聊了几句，我跟她说了我刚入职的笨拙，刚入职的不懂规矩，刚入职的格格不入，我们都生在一个讲究"个性"的年代，但公司、社会会将这种"个性"磨灭，因为"共性"才能让公司的利益最大化，这种"共性"我们通俗地称为"团结合作"。

社交圈就是为了滋生"共性"的地方，为团结合作奠定了基石。

思雅听得如痴如醉，又听得若有所思，她以羡慕的眼光看着我，我何尝不是以羡慕的眼光看着她，羡慕她的"年少不知"，我有点忘却曾经的自己了。

好与不好，难以说清，为了生活，很多事情都不宜去追求好或是不好。

思雅开始渐渐融入社交圈中，一起用餐，三五个女生探讨着商场大减价，一起合作完成公司项目——保质保量。

所谓烦恼不过是决定于一个心态，心态决定了对事物的态度，人总是要融入这个社会，而不是社会将就某个人存在着，一种是有能力超脱现实，但会因为超脱现实而孤单，有一种是没有能力超脱而超脱了，但那将会是一种悲哀。

职场，能力很重要，但社交圈同样重要，一个公司不会因为一个人的能力而忽略其他员工的感觉，公司可以求同存异，但别忘了"同"才是企业的基石。

承受不了压力
就适当弯曲

有一段时间公司繁忙，大部分员工的状态都不太好，老板状态也不佳，据说已经持续 10 几天晚上一两点睡觉了。老板不会因为他是老板，就让自己特殊化，朝九晚五，跟所有员工一样。

那段时间，公司里充满了"死气沉沉"的氛围，任何人都提不起精神，一开始听说要加班还有怨声载道，后来到下班时间一看到我的身影，就知道要加班。

加班到 12 点，看着零零散散的员工三五人一群打车，心中有种说不出的抱歉，回到家一点，洗漱完两点，我的孩子已经快半个月没见到妈妈了，我也有半个月没听到孩子的咿呀声。

一段时间的忙碌后，老板跟合作的公司谈产品测试时，我准备好材料，这些材料我看过，大问题没有，但因为太赶、员工太疲劳，小问题很多。这个材料我花了几个通宵修改，所以那天的状态也处于崩溃的边缘。

老板让我跟他一起过去，我明显感觉到他有点力不从心，害怕在思路上出问题，我想说我的状态也不好，但最终没说出口，跟着老板去了。

我努力让自己露出笑容，我能感觉到自己的笑容很僵硬，老板钱言不搭后语，我努力在旁边补充，但也会因为大脑短路而卡壳。

现在的状态实在让我难以忍受，我想对方也难以忍受了，我感觉对方想撤出了，大冬天，老板有些汗流浃背，死马当活马医，"不好意思，最近我们太累了，我们需要延期完成合作。"

"多久？"

"半个月。"

老板当时看我的眼神就感觉我像是疯了，但看到对方笑着点头，舒了一口气。

我没疯，我只是在想，在这种状态下我们无论如何也完成不了任务，就算完成了，所有人也崩溃了，我想对方也是这么想的，因为我们尽力了，这一切对方也应该能看出来。

回来的路上，老板坐在车里睡着了，我因为压力下的小弯曲而备感轻松。

下车时，老板说："都累了，放假一天，你也回去好好休息吧，这段时间辛苦了。"当老板手搭在我的肩膀上时，我如释重负，异常温暖。

回到公司，我宣布带薪休假一天的通知，员工的心情比发奖金还开心。下班后，看着员工脸上洋溢的笑容，感同身受。

回到家中，我抱起孩子，好像又重了，婆婆给我做了顿好饭好菜，我吃得鼻子一酸，我已经快大半个月没吃到家里的饭菜了，这个觉我一倒下再起来便是第二天了。

第二天，看着员工的精神面貌如同我现在一般，精神焕发，老板也是。

后面的日子虽然紧张，但是有序，我们也会累，但是会在累的时候放空自己，好好休息，压力依然存在，但并不是每个压力我们都需要把腰杆挺直了去迎接，当受不了压力时，我们适当弯曲，调整状态继续前进。

结果？结果当然是好的，我们成功交出了设计产品，为了庆祝我们大战告捷，我们强烈要求老板跳一支舞曲，老板的舞姿，说实话，太难看了，我们只能忍住笑，最后把脸都憋红了，没想到老板自己先笑了，我们也就放肆地笑了。

职场
没有绝对的公平

当我埋头整理资料的时候，一个员工跑进来，我注意到她连门都没有敲。

"有事吗？"我保持着我的客气。

"为什么升职的是阿丽，不是我？"她一脸的据理力争。

"为什么一定得是你，不是阿丽？"我坐下，继续整理我的资料。

"我各方面都比阿丽优秀，我觉得不公平。"她的声音更加充满了力量，我承认她某些方面确实比阿丽优秀。

"你的出生就决定了世界不公平，不公平的事太多，不差这一件。"我抑制住自己心中的怒火。

"我要辞职。"她没想到我会说这样的话，因为在他们心中，我是最公平不过了。

"我在办公室等你的辞呈，对了，下次进来敲门，这是基本礼貌。"她出去的时候，我抬了抬眼皮，放下资料。

跟我对峙的是我的一个员工阿梅，比阿丽早入职一年，确实各方面都优秀，就是太计较，比如计较公平，在职场，不，应该，在任何场合，都没有绝对的公平。

比如我们的出身，如果公平，每个人的起点都是一样的；比如我们的容貌，如果公平，每个人都有姣好的容颜；比如婚姻，如果公平，每个人都应该婚娶一个能给足自己幸福的人……

公平，听起来多么滑稽的东西。

辞职后，阿梅在外找了几份为期都不长的工作，因为诸如上面的对话让领导很不满。

一次街上的偶然相遇，不知道是因为怨恨，还是不好意思，她有刻意躲着我的举动，在她背过身的时候，我叫住了她，请她喝咖啡。

喝咖啡的时候，她跟我说了很多不幸，比如她总是第一名，老师却不喜欢她；比如她明明是第一名，国家奖学金却不是她的；比如她明明是公司最优秀的员工，升职却每每轮不到她，她说她过得憋屈，可是换了个地方，还是憋屈。

她说这一切都不公平。

我问她："什么是公平？"这次，我没有领导的口气，而是以一个朋友的口气。

她沉默不语。

"我听过这么一句话，大概意思是这样的，上帝总是在你遭遇种种的时候打盹儿，但是当他醒来清算你这一辈子时，你会发现一辈子是多么公平。"

横向看人与人，世界没有公平而言，公平不过是假想出来自我安慰的，但纵向看人与人这一辈子，其实，很公平。因为公平是相对的。

吃亏不怕，因为总会在另一件事上得到弥补，就怕计较吃亏，斤斤计较于一件事来谈公平，根本没有公平而言。

阿梅恍然大悟。

谁都年轻过，谁都渴望公平过，我也是如此，但岁月会慢慢磨灭我们年轻时的妄想，努力没有错，错的不过是太计较结果，

阿梅再回到公司时候，跟其他同事的关系缓和了许多。

曾经的她太计较公平，计较公平的人充满了竞争的敌意，与同事的关系不过是表面和气，相处之中同事心中多少有隔阂，也会渐渐远之。

现在她是真正放下了，可以以平和的心对待身边的每个人，以平和的心对待身边的每件事，自己也没有那种无形的压力，生活状态也健康化了，脸上的笑容也变得真挚和发自内心。

别用他人的成功
判定你的失败

在策划案中，我选择了晓涵的，没有选择婆绿的，因此她的情绪一连好几天都不太好。

她们俩人毕业于同一所学校，学同一个专业，成绩也差不多，当时在招聘的时候，我本无意于一同聘用，因为在职场中我看多了曾经的同窗密友因为利益而反目成仇的，但她们强烈要求，所以我还是点头了。

身为领导，在工作中对事不对人，为公司盈利是我的职责，在反复对比中，在整体概念上没有太大的差距，只是晓涵的策划案略显成熟些，婆绿的策划案略显稚嫩，所以在选择上，我选取了晓涵的。

会议上，当我宣布我的决定时，婆绿从自信转为失落，鼓掌声慢了两拍，我知道她努力了、用心了，也知道这是熬了半个月日夜的心血，尽管这些都看在了眼里，但是站在公司的立场，标准只有一个——择优。

散会后，我看到婆绿坐在座位上有些心不在焉，对晓涵的笑容有些勉强。

那一天中午，婆绿没有吃饭，因为郁闷，我想她也没吃晚饭。接下来几天尽管吃饭了，但情绪低落，时日长了，身边的同事也远离了她。

遇到周末，难得有空，我约晓涵和婆绿吃饭，我不想因为一次策划案两人从此形同陌路，身为过来人，我太懂得"名利"都是浮云，这些会因为生活的变数而远离，唯独一个"情"字不会抛弃我们，尤其是友情，有些话，只适合对朋友说。

吃饭的时候，我去买了一束花，我特意买了花苞配鲜花的，因为好看，也因为整束花能开得持久些，这束花我送给了婆绿，告诉她："别着急，花苞迟早也会开花的。"

是的，花苞也会开花的。

婺绿很快就懂了。

世界上没有两片相同的叶子，他人的成功并不意味着你的失败。

饭后，我陪婺绿走了一段，她跟我讲了她与晓涵的事情，她说她心里有个结，这个结一直没解开过。

晓涵她总是光芒万丈，似乎是戴着光环出生的女生，连笑容都充满了感染力，在她的光环下，婺绿觉得自己一直活在她的光影下，她觉得自己总是因为晓涵的存在而坐在角落不为人所关注。

一直都是，各方面都是。

晓涵很优秀，我承认，但婺绿其实也不差，作为新入职的员工，能做到她们这样的不多，甚至有些老员工都不一定能达到。

"你觉得自己很失败？"

婺绿点头，"没错，在这样的光环下，我觉得自己特别失败。"

"如果没有这个光环，哦，你别误会，我没打算辞退晓涵，她很优秀，我是说这个光环是你假想的，褪去那个光环后，你觉得自己如何？"

"褪去？我没想过，我想我应该不错，相对于我的其他同学来说。"

"晓涵优秀，没错，但你也很优秀，这种优秀跟晓涵没有关系。"

"如果，我是说如果，公司裁员的时候，你会把我们谁裁了？"婺绿开始玩笑了，我想她心情转好。

"我会把你们都裁了，因为你们太优秀会危及我的地位的。"我玩笑一下。

花开有前后，花色有斑斓七种，花开了，不要着急，耐心等待自己盛开，桃花开了，不要难过，因为梨花开的季节还没有到。

不要用别人的成功来判定自己的失败，不然可口可乐成功了，便没有了百事。

不死的念头
才叫梦想

最近，公司滋生了一个话题，关于职业与梦想的，我竖起耳朵听了一下，无非是抱怨工作扼杀了梦想。

我的梦想，"八零后"都经历过的一个命题作文，我对梦想的概念定义在老师、医生、飞行员，因为老师是辛勤的园丁，医生能救死扶伤，是拯救生命的天使，而飞行员我忘了什么原因了，总之不会偏离"高尚"的范畴。

而我真正的梦想，正是我现在做的，写书。

我的工作，文案策划，跟写书没有丝毫关系。

辞职回家写书，似乎太不现实了，靠写书活着会饿死的，因为我不是大家。

职业与梦想，引起了我的兴趣，我翻阅了员工资料，看着他们的兴趣爱好，似乎都跟现在的工作没有太大关系，在一份档案中我看到了跟我兴趣相投的果子。

关于梦想，她是怎么看的？

果子文文静静，胆胆怯怯，我的突然靠近让她误会以为自己做错了什么事，我不得不告诉她我的目的。

果子窃喜一笑，显然在她眼中，我有点不正常。

果子说："不死的念头才叫梦想。"

我恍然大悟，人生到底存在多少梦想，那些自认为是梦想的念头，我们又实现了多少？我们只是肆意张口谈着、无奈着。

果子说："如果人生可以一分为二，前半辈子养活自己，后半辈子养活梦想，这样也算是知足了。"

人生充满了不幸，不幸在于不能任性地为自己想做的事拼搏着，因为只有有饭吃才能活着，人生充满了幸运，因为养活自己后还可以选择养活梦想。

那时的果子已经出书了，而且不只一本，那都是用别人谈恋爱和度周末的时间完成的，回想一下那些闲暇的时间，尤其是在大学，我为梦想做了什么？什么都没有，那些时光全都浪费在你侬我侬中而无果。

我看了果子的书，那是岁月沉淀下的文字，我想我做不到，因为我有太久没去看书了，书架空空如也。

回家后，我问老公他的梦想，他说："娶个媳妇儿生个娃，已经实现了。"

我捶打他，以为他"老"不正经，他说他说的是真的，老公生在白面馒头是奢侈品的年代，有学上、有饭吃、有媳妇儿、有孩儿，于他而言，这已经是天堂了，梦想放在生计面前简直就是奢侈品。

老公这么一说，我有些迷惘，但也开始衡量梦想在手中的分量，是不是可有可无？梦想在生命中应该扮演怎样的角色？应该摆到人生的哪个位置？

我带着这样的"迷惘"去找果子，果子在我眼中是全能的，我当时觉得，会写书的确是思维透彻。

果子说："愿望是希望有一天会怎么样，梦想是希望有一天能做什么，梦想这东西，没有的人也活得好好的。"

果然一语中的，老公居然是没有梦想的人，但因为没有梦想，他每天也活得怡然自得，换句话说，没梦想的人生跟幸不幸福没关系，之所以追求梦想，是因为做这件事会让自我感知幸福。

幸福没有定义，自然也决定了幸福与梦想无关。关于那个不死的念头，我有幸完成它，也有幸追求它，这种幸运发生在离职后。

离职后，我开始从事我喜欢的、我想要的，完成初生的梦想、初生的心，尽管道路崎岖不平，但连跌倒也依旧幸福，也依旧愿意坚持，我想这就是不死的念头吧！

众人皆醉的时候

徐旸跑进我的办公室，告诉我十一又翘班出去了，这个月，徐旸检举了十一3次。

我不得不出去"巡视"，然后按照翘班的时长进行扣工资。尽管我内心很同情十一，但在职场是不讲理由的，否则就会有人找借口，为了高效管理，我只能无情。

十一妈妈生病的事情我很早就知道了，她用这个理由向我请过几次假，因为请假工资会扣掉日常工资的双倍，所以这个月她的工资几乎被扣完了。

大城市，对于许多人来说，生病就是砸钱，没有工资如何能负担昂贵的医疗费，以至于她最后只能翘班送饭。坐在办公室里，我是目送十一走的，午休前早退半小时，午休后迟到半小时，完全在能接受的范围，再加上工作没有差池，所以我并没有太大意见，谁没有一点私事需要处理呢？

尽管我没有太大意见，但就怕其他员工有意见，所以面对这种情况有人检举我也只能秉公处理。

后来因为看错时间提前赶到办公室，我发现办公室里只有一个人，那个人便是十一，我再三确认了一下时间，才8点，离上班时间还有一个小时。

我以为我是第一个知道这件事的，当我问及其他同事时，他们都知道，他们说这样的状态持续了快一个月了，所以对于她的溜号大家都是睁一只眼闭一只眼，甚至会打掩护，毕竟生活都不容易。

徐旸，她知道吗？

我想不知道，因为刚入职不久，我想她一定是班干部，因为"职业"习惯。

周末，我让徐旸陪我出门，买了鲜花和水果，走到医院时，徐旸眼里充满了疑惑。走到病房，徐旸看到十一，脸上一片木讷，接着就是愧疚，她再三道歉，十一心胸宽广，过去的事并不计较，并再三强调这本是公司的规矩，她违反规定在先，受点惩罚也是应该的。

作为刚入职的新人，熟悉公司的条令是好事，但上纲上线便打破了公司和谐的状态，法还不外乎于人情，众人皆醉都是有原因的。

回来的路上，徐旸说是因为"职业"习惯，从小是班长的她刻板地遵守校纪校规，也因为"校纪校规"得罪了不少同学，她说她是老师眼中的好学生，却与过往的老师相遇时，老师已然不认识她，与老同学相遇时，她不认识老同学。

很滑稽，但很真实。在我们的经历中，我们会记得有个名字叫班长，却忘记了班长到底叫什么名字，因为条件反射，我们提防那个人，久而久之那个人在我们过年过节时遗忘在通讯录的角落。

偶尔来电时还询问对方是谁，很尴尬。

后来，我以奖金的形式将那个月的工资补发给了十一，大家都懂，公司并没有平时发奖金的习惯，都是计入年终奖当中，但是谁都不会"独醒"，生活遇到的种种并不可怕，因为世间有真情，所以我们才会坚强面对。

十一妈妈病好的时候，我们以其他为由带家属聚餐，糊涂又何妨，开心就好，聚餐中我们庆祝十一妈妈身体康健，活着都不易，也为彼此体谅干杯。

聚餐时，徐旸喝醉了，她说以前的她总是不敢醉，因为只有醒着才能"打小报告"，此刻徐旸第一次尝到与众人同醉的快乐，才察觉到唯我独醒的孤独。领导亦为人，人之常情，都能理解，所以很多事我们不是不知道，而是选择睁一只眼闭一只眼，我们真正关心的是公司的利益，与利益无关的，便揣着明白装糊涂了，大家也习惯于心照不宣。

第七辑　谢谢你能来，
不遗憾你离开

耳机里放着最喜欢的歌儿，安静散步，
突然觉得这个世界平行地与你擦肩而过，
你觉得自己是站在世界之外看待如云往事，
一种自如放松从心底升起，你不知不觉笑了，
而这，就是幸福。

——佚名

我也曾如你般
青春迷茫

　　穿着正装的你即将步入职场，职场对于你来说熟悉且陌生，它会萦绕在你的耳旁，但你却从没有真正接触过。

　　此时的你或许有些紧张，就如同眼线笔划过眼睑，会有抖动的波浪。紧张是多么正常的事，曾经的你会为考一张卷子而紧张，此刻在做人生卷子上，为何不能紧张？紧张一会儿，然后带着微笑出门，可好？

　　走在来去匆匆的人行道上，你会发觉自己与昨日不同，昨日你还是一个可以撒娇哭闹的孩子，而今天你跟那些来去匆匆的白领一样，要故作坚强，然后优雅地吃着包子、喝着豆浆，这微妙的变化让你觉得蓝天都变得不一样了。

　　你或许会怀念那些已经告别的青春，有点伤感，但在后来的成长成熟中，你会渐渐发现那些青春，你永远会怀念，而且都带有伤感，因为青春只有一次。

　　走进那个陌生的环境，坐在那个充满新奇的办公桌上，你发现这和曾经的课桌是有些不同，你已经不能在桌子上刻下幼稚的图案和某某人的名字，因为这块神圣的地方将承载着你的未来，未来要用心去探索，回忆要用心去祭奠，那些图案和文字会暴露你的不成熟。

　　与同事吃饭，你不能再如从前那样口无遮拦，你会谨慎维持同事关系，小心翼翼处理着每件小事，刚开始你会累，会觉得不如曾经的单纯，你会厌烦这个复杂的社会，但是没关系，你会慢慢适应，会在这里迷失自己，然后再找到自己，当你再次找到自己的时候，你会发现你不同了，这样的不同会让你用欣赏的目光去审视。

　　我不知道你做有没有做好这样的心理准备，一个人挑战未来的准备，我的重点不是未来有多艰辛，而是"一个人"，一个人意味着你需要承受所有的孤独，孤独面对现在所有的一切，吃喝一个人、哭笑一个人、周末一个人……不管你有没有做好这样的准备，即便有了这样的准备，面对三五人一群，或是两人的手牵手，你都会不免感伤，没关系，遇到这样的日子，给家人打个电话，给朋友打个电话，告诉他们你过得很好。

　　当你慢慢习惯现在的生活时，会有一个人悄然进入你的世界，你要做的就是勇敢地打开门，不要因为曾经的受伤而把对方拒之门外，因为在对的时间遇到对的人是多么不容易的一件事，不要因为害怕没有结果而恐惧未来，不去试试，你又怎么知道呢？既然重新开始了，那就彻底一点，连回忆都斩断，因为这对对方不公平。用心爱用力爱，就像年少无知一般。

　　如果你们一起准备步入婚姻了，我真心恭喜你，也祝福你，祝福你的同时，我有一丝忠告需要告诉你，婚姻是建立在彼此尊重的基础上，你不可以再任性，不可以像长不大的孩子，因为你会累，他也会，你要像爱自己一般爱他、爱你的家，永远不要拿他跟任何人比，如果他真成了别人，你会恐惧的，因为成为别人的他身侧站的那个人也不是你。

　　如果你们有了爱情的结晶，请用心呵护，那时的你或许没有太多的心理准备、没有太多的钱，没关系，用心累积爱就好，因为爱比什么任何东西都重要，想想你们手牵着手看着孩子奔跑的样子，画面是不是很美？

　　度过青春的迷茫，或许有些许遗憾，也没关系，谁的青春不留点遗憾呢？只要你平安健康、家庭美满，其他都是次要的，你现在或许不理解，但很多年后，我想你一定会懂。

——3月8日妇女节

写给回忆里曾经迷茫的自己

谢谢你曾来，
不遗憾你离开

我们是怎么认识的呢？有点忘了，关于你的一切，我有点忘了，但那些事我隐约还记得一些，别急，我在努力搜索。

我记得我对你的感觉，那种感觉中充满了崇拜，我不知道你真的懂多少，但在那个花季岁月，我总是仰视着你，你总会告诉我很多我不知道的，貌似我就是这么被你吸引的。

不作的青春不叫青春，女孩子们都那样疯狂地想着，我也疯狂地那样地作着，所以疯狂爱，不顾一切。

记得曾经最爱做的事是"压马路"，马路似乎总是走不完，就像这一辈子也走不完，但马路有个口子叫十字路口，我们背对着背渐行渐远。

我们吵过很多架，那些分分合合想起来不过出于自己的不甘心，那些不甘心蒙蔽了我们的双眼，原来爱走到了尽头，我们却固执地以为还有天荒地老，最后我们被自己的"固执"伤得遍体鳞伤。

还有什么？我们之间还剩下什么回忆？别急，我再努力搜索搜索。

对了，考试，还有考试，我不太聪明，不，应该说很笨，专业上的东西我一点都不懂，临到考试，你会给我勾出重点，然后教我一个很捷径的办法——背，真的很有效，我的成绩考出来还不错，但是考完就忘了，就如同你走了，我也记不太清你了。

你想问我现在过得好吗？我一定不会这样问你，因为我害怕自己过得比你差，我说过，我一定会过得比你好，我不知道一个美满的家庭算不算过得好，至少我自己觉得过得很好，至少比我们曾经的岁月好。

你说你很欣慰，我觉得很假，你最大的欣慰是我离开了你。

你说你不是那样想的，但我是那么想的，所以我会认为你那么想。

我依旧如以前一般狭隘，是不是？我记得你厌恶我的狭隘、小肚鸡肠，幸好我没变，因为多年后我才明白那不过是你不再爱我的借口，我没变，可依旧有人爱着，那个人当然是我老公。

忌妒吧？其实也没什么忌妒的，我突然想遐想，我一直都喜欢遐想，我发现我变的不多，不知道你变了多少？

我想你现在结婚了，有个可爱的孩子，过得很幸福。

很完美的遐想，对不对？之所以完美，是因为我想你这样，尽管我们彼此伤害过，但我依旧想祝福着，免得你说我小气。

前几天，我老公翻出你曾经送的明信片，我不是珍藏，而是随便丢在一个地方忘记扔了，老公生气了，因为那样的青春岁月，本应该由他陪伴，却便宜了你，便宜了你不说，你却不备加珍惜，也幸亏你不珍惜，才成就了我们的幸福。

曾经，我不知道我们之间还有多少回忆，不管多少也忘得差不多了，也希望就这样遗忘吧，遗忘到有一个人在我的曾经里陪我奔跑，但是谁，忘了，奔跑经历了哪些事，也忘了，只是记得有个人，记得还有个人，是为了告知自己那段青春不是空白的。

写完这篇稿子，我不想再重审一遍，以免勾起更多的回忆，勾起来就不容易忘记，你应该知道，我的记忆真的很好，忘了还是不要记起来吧，不过看在你陪我的那些曾经，我祝你幸福，尽管我已经忘记你是谁，尽管我不知道你现在身在何处。

在回忆里
遇见那些花儿

在那些匆匆而过的岁月里，爱情会脆弱不堪，而友情就像葡萄酒，愈久愈香醇，尽管我们曾经肆意挥霍，可我们从来不会害怕失去。

回忆或许零零散散，不是因为忘记，而是因为太多，无从写起，如果可以，我希望青春可以重来一遍，不是因为青春里的那些遗憾，而是青春里的那些人、那些事，重来一遍，一切都无须改变，我要做的就是如纪录片一样记录我们共同经历的点点滴滴。

那时的我还很不懂事，衣来伸手饭来张口的日子过得太随心所欲，不懂得尊重别人的感受，似乎你们每个人都被我命令过，于是你们一起收拾我的"大小姐"脾气，这个过程中，我们吵闹过，尽管我是多么没有理。

当我默默走在你们后面去往食堂的时候，你们会不计前嫌拉我入伙，8个人霸占食堂的一个角落，讲着学院里的那些八卦，那些八卦已经忘了，但那一起吃饭的感觉却不曾忘记，毕业后，我们被命运扔在世界地图的不同角落，看似不远，却再难相聚。

告诉你们一件事情，我会骑自行车了，什么时候我们再骑一次自行车，前后两人骑的那种，我清晰地记得光棍节那天，成双入对的你们为了我们这群"单身狗"放弃约会的机会去植物园骑那种两人骑的自行车，我不会骑，在后面只是呆呆地坐着，萱在前面怒吼着，我们这组果然是最后一名。

提到萱，就想到她的男朋友，他太不是东西了，勾三搭四没个正经，幸亏他们已经分开了。

诗过得怎么样？那时候就你帮我最多了，性格好、脾气好，告诉你一个秘密，小郭同学暗恋你超久，毕业了你也不知道，记得你生日那天吧，你收到一块卡西欧的手表，那是小郭同学送的。

鱼应该嫁人了，大学就属你活得没心没肺，这一生的伟大目标就是把自己嫁了，然后宅在房子里做小女人，似乎你得减减肥，整个身子如木桶一般，完全看不到曲线，不过好怀念你做的饭菜，尤其是寿司卷。对了，你明明答应过，我们的新娘妆你都包了的，结果，我结婚的时候，你人都没出现，不过看在你忙的份儿上，暂且原谅你。

芳你只是看起来霸道，但实在太没用了，你看你把你男朋友都宠成什么样了，太放肆了，说来就来，说走就走，连个招呼都不打，你那么漂亮，干嘛就指着他活着呢，你看看他把你摆在了生命的哪个位置，说起来全是气，还是不说了吧！

小芳你实在太完美了，完美到我们认为太不真实了，我想说，对朋友真的没必要这样的，不过在踏入社会后，我会时常想起你的为人处世，努力斟酌学习。

记忆不会老去，青春终会散场。

散场，我们哪里都没去，只是在寝室吃自制散伙饭，没有锅炉，却完成了一顿丰盛的晚餐，那个晚餐，我们吐露了各自的小秘密，比如鱼暗恋一个男生伤心得哭了。

葫你哭的样子好丑，厕所里全是你吐的，因为你，我们脸都丢尽了，你总是能想方设法让我们丢脸，连你表白都是，不会选择一个低调的地方吗，非得在运动会主席台上，不过那男生太没有眼光，竟然不喜欢这么直率的你，没关系，他不爱你，我们爱你。

孤独与孤独相聚，
便有了温暖

孤独，是城市的真实的写照，尽管霓虹灯虚拟着繁荣。

毕业后，遇到的每个人、每件小事都足以温暖孤独的心，我忘记什么时候开始将生命的过往划成一个个车站，但我记得我定义的第一站——找一个能养活自己的工作。

投简历、收面试邮件，赶往面试的路上，被拒，还是被拒，我开始怀疑自己、怀疑自己的人生，那时候还不至于感觉有多孤独，只是很无助。

摸摸包里的钱、卡，最后只剩下电话，打个电话，要钱的事情始终没说出口，但卡里莫名有了钱，拿着钱去吃了碗面，吃着吃着就落了泪。

算算时间，又该交房租了，卡里那些钱交完房租已经所剩不多，买菜做饭，柴米油盐好贵，还是吃馒头吧，当我啃着馒头的时候，隔壁房客送来半只鸡，三月不知肉滋味，犹豫了一会儿，全吞了进去，香。

工作敲定，狂吃一顿，结果噎着了，只好去了医院，不知道谁把我送到医院去的，醒来的时候，护士看着我都笑了，笑我的嘴馋。

上班加班，一个人，孤独大概就是从此刻开始侵蚀着生活的，遇到同事，她也一个人，我们一起去吃大排档，喝夜啤，讲着那些青春囧事，笑笑也就忘了孤独。

刚上班的日子过得并不富裕，除去日常开销所剩不多，买一件新衣服是一件很奢侈的事情，当新衣服从天而降时，欣喜若狂，看着贺卡，原来今天是我的生日，我的生日，还有人记得，连我自己都忘了。

曾经的岁月，最害怕放假，放假就意味着一个人，一个人面对冰冷的城市。

"同城旅游，约吗？"

约吧，有一种朋友叫作"驴友"，彼此孤单又彼此温暖，一天的朋友拍照留念，当翻出这些照片时，那些景不是回忆的重点，重点的是那个陪你的人，那个人告诉你的那些趣事。

当身边的人都成双入对时，我也开始期盼一个邂逅，渴望一场爱恋，但那个对的人此刻并没有出现，我依旧一个人。一个人吃火锅时，三五个一群的人坐下，跟我拼桌，光棍天下一般亲，自娱自乐度过光棍节。

等习惯了孤独、不再怕孤独的时候，那个对的人出现了，坐在我的对面，我会细细欣赏那个容颜，我会突然想起在我孤独时光里的那些容颜，原来，在那段孤独岁月里，我不是一个人，不是一个人在享受孤独，那些容颜在大脑中不经意间滑过，就如同他们在我的孤独岁月里不经意滑过。

慢慢地，我也成为了那个"不经意间"的人，给一个身处困境的朋友打去救急费，给隔壁房客送去吮指鸡，请单身同事吃一顿饭，给身在远处的闺密寄去一份生日礼物，约一个"驴友"搭伴去往远方，在餐厅里陪一个脸上写满孤独的人吃一顿饭。

我的容颜，他们或许也会忘记，但那些不经意间的事会是支撑走出孤独的力量。

当我手牵着男朋友的手时，我习惯观察那些独自一人走在路上的人，就如同观察曾经的自己，曾经那个迷茫、失落、孤独的自己，我想为自己致敬，也想为那些陪我们走过孤独的人致敬。

原谅生活
不经意的伤害

生命之轻，轻于心态。

快节奏的生活让我们习惯于疲劳奔跑，奔跑中我们或多或少会受伤，那些不经意的伤，曾经我们认为是过不去的坎儿，当迈过后，那经历让我们成长。

豆蔻年华，少年不知愁滋味，我们计较于谁跟谁玩了、谁不理谁了，最后跟谁都不玩了、谁都不理了，落泪跑去头悬梁锥刺股，迎战各种考试，结果成就了自己的未来，而他们，终究成为生命的过客，关于那些幼稚，你从心底彻底释怀了。

第一次背井离乡，没有太多的忧愁，全是对新生活的向往，新生活，应该天是蓝的，水是绿的，有个王子骑着白马而来。

背着行囊，看着蓝的天、绿的水，寻找着白马王子，暗恋一个容颜俊朗的男子，关注着他的八卦，结果发现对方已经有女朋友，狂吃一顿，哭过之后认真地笑。

不要哭，因为有人会在角落爱上你的笑。于是跟着那个欣赏你笑容的人走了，然后谈一场没心没肺的恋爱，不会去思索未来，未来有他，不怕。

分分合合很多次，心有时候会累，但累过之后仍然笃信他给你描绘的未来，后来才发现你的未来跟他没有关系，一直都没有。

当认识到这一点的时候，你已经一个人，一个人难过，一个人孤独着。

再次背井离乡，对未来充满着迷茫，此刻有种说不出的心痛，如果可以，在父母的羽翼下待一辈子可好？

这样的念头闪过一瞬间，一瞬间后，依然在未来的道路上追逐，因为你倔强，倔强地以为未来有一个幸福点在等你，为了这个，生命中那些不经意的伤又有何惧。

世界远没有我们想的那么简单，努力找一份能养活自己的工作，肆意被孤独吞噬每个夜，跟电脑一起度过每个周末，要命的是你不知道这一天会结束于哪一天。

渐渐地，你渴望有个家，有个娃，这样生命的拼搏才有了意义。

去相亲网找适合结婚的人，跟两个自认为还好的男士面对面地交谈，你了解了还有一项技术叫作 PS，你因为顾及下一代基因，想想还是算了。

看着蛋糕上的蜡烛，原来自己已经步入剩女的行列，三五个剩女聚在一起斗志激昂自我安慰，可谁的内心都希望找到归宿。

奔三，一个多么可怕的数字，就如同自己已然没有女人应有的价值，焦虑不安，你开始觉得世间不公平，条条道路都走得那么心酸，连博士同学都结婚了，你还在单身贵族中徘徊，所以事业是你唯一的精神寄托。

辗转不知多少圈，终于有一个圈对了。一年内，你不经意间完成了你的人生大事——结婚生子，幸福来得虽然晚了些，但无比幸福，老公那么疼爱自己，孩子那么乖巧听话。

停留在阳光下，享受着阳光洒下的斑驳，看着那些投射下的阴影因为太阳的东升西落而散去，脚尖触及的地方都布满了鲜花。

回忆那些不经意的伤害，若是为了等待此刻的幸福，是不是应该给那些不经意的伤害一个温暖的拥抱？

不离不弃，
是最深情的告白

碧玉年华，不知情爱，拂袖遮扇；桃李之季，单纯爱，简单爱；梅之年，坐花轿，抱襁褓。

"只是因为在人群中多看了你一眼，再也没能忘掉你容颜。梦想着偶然能有一天再相见，从此我开始孤单思念。"

王菲的《传奇》吟唱着我奶奶的爱情。

大家闺秀的她嫁给了一贫如洗的爷爷，从此便开始了平淡安逸的人生。

在我认识爷爷的时候，爷爷已经是糟老头子了，我看不出来爷爷有多帅，但奶奶说爷爷年轻的时候很帅，所以在人群中她一眼就认出了他。

那个年代生活很窘迫，但奶奶吃的永远是好的，连一件带补丁的衣服都没穿过，也没下地干过活，她每天的生活就是缝缝补补。

后来改革开放，日子好过了，儿女都出息了，要接二老进城，爷爷劳苦了一辈子，进城突然闲下来不适应，自己背着行囊买了票走了，奶奶着急了，四处找不到老头子，打电话才知道老头子回了老家，让爸爸给她买了票也走了。

奶奶和爷爷就这样在乡下平安度日过了10年。

10年后，奶奶患了老年痴呆症，先是不认识人，后来也记不住事，但爷爷在，见到爷爷她也就不慌张了。

听爷爷说她走丢过一次，那次以后她就再也不出门了。

就这样，又过了5年。

爷爷去世了，我们担心奶奶受不了，告诉她爷爷出门去了，我们悄悄办了丧事，奶奶那天不像以往来回走动，只是坐在楼梯角落拿着爷爷的照片，呢喃着什么。

她似乎已经知道爷爷走了，但又好像不知道，因为没过几天，她又问道，你爷爷去了哪里。

爸爸把她骗进了城，她无法独立生活，放在老家不放心。

奶奶每天做着缝补的手活，她的眼睛已经不行了，针脚很乱，但样式还是能看出来是五六十年代的衣裳，而且是男式的。

做好后，她又问到，爷爷去了哪里，她想让老头子穿上她做的新衣裳。

那几天，奶奶跟突然睡醒了似的，她认识所有人，没有叫错一个人的名字，她没有再问爷爷去了哪里，而是趁我们不在家，失踪不见了。

我们寻找任何一个奶奶可能去的地方，结果无果，当回家商讨准备报案时，发现钱柜里的钱少了，奶奶可能回老家找爷爷了，我们赶紧跑到车站，听售票员讲是有一个奇怪的老太太丢下一把钱买了去往某县的火车票。

我们买票赶紧回老家。

老家空空如也，但能看出奶奶回来过的痕迹，我们去了集市，那是奶奶认识爷爷的地方，她一定会去，她一定还以为爷爷会在人群之中。

我们走到集市，奶奶确实来过，商贩说："老太太很奇怪，什么都不买，只是呆呆站在路中央，来往的人以为是疯子，没多加理会，刚刚还在这儿，不知道到哪里去了。"

当我们筋疲力尽地回到家时，奶奶坐在门口，手里抱着爷爷的照片和她新做好的衣裳，一动不动。

奶奶去世了，只因为蓦然回首，他不在。

在整理奶奶的遗物时，两缕发丝编成的同心结嵌在玉石之中，这块玉她年轻的时候一直都戴着，不知什么时候她就不戴了，我们一直都以为她患老年痴呆的时候弄丢了，原来它一直都在。

找一个男人，
想你所想，爱你所爱

纵身一倒，倒入游泳池中。

你会救我吗？

乔是我现在的老公，可并不意味着我很爱他，至少一开始不是这样的，我坦诚地承认我是处于一个很尴尬的年纪，需要把自己放在已婚的行列。

我也不是随随便便把自己嫁了，一旦随随便便了，我不知道我的将来会为此付出多大的代价。

爱情，我该怎么接纳？婚姻，我该怎么步入？我不想让人生再跟我开一次玩笑，因为我很认真。

一旦牵手，我希望是一辈子。

用生命来赌一次爱情如何？我是这么想的，所以我把乔约到了游泳馆。游泳馆纵向是带有梯度的，这边一米二，而另一头是一米八，超过我的身高，100 米长的泳道，若是在"另一头"纵身一倒，他会救我吗？

他当然会，陌生人都会。

当他游到我身边准备将我搂住游上岸时，我一脚踢开他，自己游开了。

我会游泳。

第二次，同样的"玩笑"，他会救我吗？

他依旧会。第三次？第四次？

我就是要嫁给不管我纵身一跃多少次，不管我是否会游泳，依然紧张过来救我的男人，就如乔说的："万一你腿抽筋了怎么办？万一你呛水了怎么办？万一……"

我就是要找一个连"万一"都为我考虑全面的男人，而不是害怕我掉水淹死只会教我游泳的男人，如果我能自己活得好好的，我还要你干嘛？

事实证明我是对的，所有你能想到的他都想到了，所以我比过去过得好，我们结婚生子，我们的恋爱属于典型的婚后恋，是带有责任的恋爱。

一个男人做到哪种程度可以称为爱？我思索过，但觉得爱太过于虚无缥缈，而且令人头疼，所以我放弃了这样的思考，所以我依旧不知道什么是爱，但我知道一个男人会为了所爱的女人学做一日三餐、会端洗脚水、会做任何事，只是为了让你不劳累。

若你生孩子的目的只是为了眼前这个男人，那么，这个男人一定足够好，所以我会为乔生儿育女，不是一种责任，而是迫切想给予的回报。

女人之所以能忍受十级阵痛，不是因为新生命所给予的欣喜，因为她们并不能预知一个新事物会让现有的生活变得有什么不同，而是因为对未来有足够的信心、对眼前的男人有足够的信心，至少我是这样的。

有人说，生孩子就如同在鬼门关转一圈，一点都不夸张，尤其如我这般顺没顺下来，再接受二次生产——剖腹，剖腹后该遇到的并发症都已然遇到，上帝果然公平，遇人淑，遇事不淑。

孩子出生后，我高烧不退，一连10几天，一直处于昏睡之中，而乔一直都醒着，他说他不敢睡去，要是一觉睡过去看不到我了怎么办，我笑着心里暗骂他傻。

一天只有24小时，他需要将24小时细致划分，一日三餐用时、擦身擦背用时、点滴用时、端屎尿盆用时，那时候点滴在我身上一直没断过，他哪里有时间睡觉。

当时，我不知道自己还能不能活下去，但如果让一切重来，我依旧会拼尽全力做这样的选择，生命诚可贵，爱情价更高，更别提爱情的结晶，我们的"结晶"至少证明我们爱过，不畏生死地爱过。

出院后，他睡了两天两夜，他会因为做噩梦而被吓醒，看着我还在，然后搂着我接着入睡，当我的指尖划过他的发丝时，泪水滑下。

他说他一直亏欠我一场恋爱，不会因为结婚就让这个变成遗憾，所以我们看电影、喝奶茶，雨天撑伞压马路，放假去远方旅行，吃各地的小吃……

经历过生死离别，才知道生命是如此不堪负重，所以他要让我享受生命该有的，只要能想得出，他就能竭力做得到。

爱情是什么？不知道，或许只是一种感觉吧，如同幸福一般，或许这只是哲学家的问题，而我们要做的，便是享受。

心动不足以
支撑爱情

心动，动心。

有这样一个男生，就是为了女生的尖叫声而存在；有这样一个男生，成绩好、球技好、唱歌好，似乎什么都好；有这样一个男生，总是在你不经意的一瞥间，让你怦然心动，然后动心。

宇就是这样的男生，我喜欢过，那个年纪，我们不习惯谈"爱"，太沉重。

我那时性格如方茴，只是我的容貌不敢用"清新秀丽"这样的词语，最多是丢在人群中不会太突兀，不突兀的漂亮，也不突兀的不漂亮。

当你比别人多一寸机会接触到"王子"时，这一寸给了你太多遐想空间，我和宇就是这样，我们都在学生会，而且很巧合地在同一个部门，还是很多接触的宣传部，这种接触不是我跟他的，而是我可以远远地、更多地了解他。

心动可能会是在转身回眸间，但动心却需要若干次心动。

我心动于宇的容颜，但不会肤浅到只是因为他的容颜而动心，所以一开始对宇只是因为好看而多看两眼，看过之后也不会想，关于他的话题只是听着，也没有过多言语。

当有人向我打听关于他的那些，我也会如实告知；当有人有所表示的时候，我会如实转交。我认为做着与自己没有太大关系的事情，所以无所谓，没想到却给宇造成了困扰，于是我又如数退还。

我跟宇之间并不像偶像剧那般有争吵，争吵完然后甜蜜地又在一起，所以我们并没有偶像剧般童话的结局。

一切都平平淡淡，只是多了几次一起吃饭的机会，多了几次一起出去游玩的机会，可能就是"多几次"导致了暧昧不清。

导火索，我们之间还差一个导火索，这个导火索就是某个人的一句玩笑话，说者无意听者有心，我就是那个"有心人"，因为那一刻的心跳，脸泛红而心情难以平定。

宇解释过，但说过的话再怎么解释我也做不到没听过，就如同心跳过，就难以再抚平。

喜欢，那时候想到这两个字都会脸红。

后来，我们的关系便再也回不到从前了，不是他变了，而是我变了，因为被单相思煎熬着，单相思是自我的煎熬，世界平静，跳动的是心。

我退出了学生会，以为便不再见了，但关于他的"传说"总是在校园里流传着，走过某个角落就能看到他明媚的笑容，然后持久凝视，久久不愿离去。

非要谈一场一个人的恋爱，我认了，我仰视、我观望，我一个人苦恋，跟世界都没有关系，可是世界什么时候那么小了，每天的相遇是为了缔造什么样的结局？

挥手低头，擦肩而过。

如此而已。

就这样的"如此"，却让人心痛。

刻意躲着一个人生活，会时常想起，但只是想起，情绪没有起伏，你不会偏离生活轨迹，一次邂逅，只需要一次邂逅，就足以让平静的生活激起千层浪。

毕业后的那次邂逅，让我傻傻去了他去的城市。那时的他就如同太阳，不敢靠得太近，因为怕被灼伤，不敢离得太远，因为我以为自己会到冰点然后冻死。

爱得卑微，伤得彻底。

他是怎么知道我去了他所在的城市，我不知道。他给我打了电话，约我吃饭，我以为他会嘲笑我的执念，没想到他向我表白了，可那一刻，心跳不复存在。

接过玫瑰花，我偷偷消失了，离开了那个城市。

当电话响起时，我的心"咯噔"一下，我不否认那场一个人的恋爱，因为痛苦和回忆是磨灭不了的，我不否认我喜欢过，但那样的"喜欢"永远不会转化为"爱"，不是因为年少的"拈轻怕重"，而是因为用心跳维持的恋爱也会因为心跳停止戛然而断。

相爱，我想一辈子。

漫漫时光，
幸有你们相陪

写第一本书的时候，我还在上班，所以里面的每个字都是我无数个夜晚拼凑出来的，大概这就叫心血。

接到出版社电话的时候，我的手机滑落在地板上，手机被摔成了两半，出版社倒闭了，我的书出版不了了，等了一年，计划付诸东流了。

昨天我还颐指气使，乔如同小太监一般接受"未来作家"的命令，而且这件事我都通知了亲朋好友，担心有遗漏，于是狂发群，如同要举办签售会一样畅快。

一夜之间，这感觉比破产还让人难受。

我该怎么向乔交代？我打着"梦想"的旗号辞了职，回家什么都不做，一心只读圣贤书，而且婆婆帮忙带孩子，我也从不伸手去干预，我该怎么向婆婆交代？

想着，眼泪就滑落下来。

开门的声音响了，我捡起手机，擦干眼泪，装作什么事都没发生过。

婆婆推着孩子出去遛弯，顺便买点菜回来。

我接过推车，婆婆说："不用不用，你忙你的。"

我愣在了那里，然后傻傻回了房，坐下，面对电脑，我一点心思都没有，孩子哭了，我去抱孩子。

婆婆抢到了我前面，"妈，我来吧，我想抱会儿孩子。"

婆婆见我的情绪不太对，把孩子递给我，问道："你今天怎么了？"

"没什么，只是觉得很久没抱孩子了。"我抑制住自己的泪水，然后问道，"妈，辞职，是不是错了？"

"这有啥，辞了就辞了，不碍事。"婆婆安慰道。

辞职已经几个月了，一点收入都没有，家庭也并不宽裕，之前这种愧疚感也有，但万事开头难，又有那本书作为底气，这种愧疚感因为自我的宽慰而淡化了许多，但此刻，我觉得自己是不是错了？

婆婆在厨房的忙碌声加重了我的愧疚感，结婚以来我似乎没做过饭，辞职后也没有，为了我的梦想，我是不是太自私了？

我正要泪奔时，儿子"咯咯"一笑，我噙着泪跟着笑了。

此时乔回来了，我隐隐约约听到婆婆跟乔说些什么，乔不缓不急走了过来，关上门，将儿子抱到婴儿床里。

他给了我一个拥抱，很暖的拥抱，说道："不管发生了什么，没关系。"

我大声哭出来："书没了，书没了，乔，书没了。"

"我以为发生什么事了呢，不过是一本书而已，没了再写，你的才华没问题，你可是才女。"

呜呜呜呜——

我弃文字弃了一个礼拜，这个礼拜我浏览着招聘信息，梦想似乎太遥不可及了，还是工作来得实际，我不能让别人活得太累，自己活得太自私了。

一个礼拜后，我的生日，乔给我过了生日，送了我一份生日礼物，我拆开生日礼物，我写的第一本书，这封面实在太难看了，还有"乔楠出版社"是什么出版社，哪有书有 A4 那么大的？太糊弄人了。

婆婆说："这没出版没啥，这次出版不了，咱等下次，咱等得起。"

泪流两行，我何德何能？让你们陪我等过这漫漫时光，有你们，此生足矣。

此时，儿子拍手，我弯下身深深一吻，千言万语到嘴边却又说不出口，我只能借句歌词——你们如春风化雨暖透我的心。

在家人的支持下，我又拿起笔，用心对待每个字，就如同用心对待他们字字真心的默默支持。

寻找真正的归宿感

我对城市没有太多好感，但阴差阳错定居于此，我努力寻找着城市的诗意，来为我的心寻找一丝慰藉。

霓虹灯？它只是见证着城市的成长，无暇顾及于此的个人，它只是从侧面印证着路漫漫、人匆匆。

没有结婚前，我曾想数次逃离这里，寻找着属于我的"大理"，这种想法说得美好一些叫作心灵追求，说得现实一点叫作逃避。无论我给它什么样的定义，我都不可能这么做，因为要活着，至于活着的方式放在现实面前很无奈。所以我只能暂时告别城市的喧嚣，在节假日到"荒郊野外"进行有氧呼吸。

等生活随着个人的拼搏好些的时候，我也做不到"捐款而逃"，因为这里还存在着"理想抱负"，我突然在思考我是不是太贪心了，更或者说我的身心是不是存在"人格分裂"？

我总觉得我的生活缺少什么？是我冷落了城市，还是城市冷落了我？

开着车在城市里穿梭，无心于风景，有心于这个城市的过客，一个人的脸上写着或失落或焦虑，两个人的脸上写着或甜蜜或无奈，一群人的脸上表情太复杂，也看不清。

就在那一刻，我觉得自己不属于这个城市。

这种矫情的话只适合说给最亲近的人听，所以在认识乔之后，我把这话告诉了乔，乔说在认识我之前，他也没有归属感，尤其对于他身处异乡来说更加没有，尽管他在这里买了房、买了车。

他说他也曾想过离开，他说即便离开他也不可能回家，很简单的理由——工作。

原来，我们一直都在这个都市流浪，我们都在寻找一个家，后来我们组建了一个家，吵吵闹闹、忙东忙西，生活中的很多事都很没有意义，但我们却乐此不疲。

我们正在悄无声息享受着生活，跟生活品质无关，而是生活中那些小事，小到不值一提，但我们却津津有味地争辩着。

我没有勾勒过我未来的日子，对于未来，我无法用理性去描绘，所以关于现在，我谈不上有多好或者有多坏，我只知道至少比从前好。

每当我回想起曾经拖着疲惫的身子自己打开那冰冷的开关、看着如冰窖一般的陈设，有一种莫名的压抑。而现在，至少我回来的灯光已经将房子暖透了。

"众里寻他千百度，蓦然回首，那人却在，灯火阑珊处。"

另一层含义。

有一段时间，乔常常加班到半夜，而那段时间治安不好，他再三叮嘱晚上不要出去随便乱逛。

我又不是小孩子，我心里暗笑。

一天，我去超市买东西回到家的时候，才发现钥匙落在超市柜台上了，于是又返程回去拿钥匙，等我再回来的时候，我看到乔，很惊讶："你不是在加班吗？"

乔抱着我："吓死我了，我看家里的灯没亮，我以为你出事了呢！还好，你没事。"

"你不会打电话吗？"

"你带电话了吗？真是，你什么时候能改改你那丢三落四的毛病，还有，以后把你的手机电充满，我天天查岗。"

……

后来，我才知道，乔加班到10点，都会开车经过楼下，然后在楼下看我们家的灯是不是亮着，以此判断我是不是在家，这心机……太重了。

那一次，我深刻领悟到一个灯火、一个归宿，端着一杯咖啡，欣赏着"万家灯火"，我想这是都市最美的风景。

归宿感，常在我的字里行间、唇齿之中提及，但归宿，当我大脑中浮现这两个字时，心微微感动，多么贴切的字眼儿，平时我们常用"家"来温暖这个字眼儿里的每个人，而"归宿"让身心在"家"这个字眼儿中尘埃落定，从此便无所畏惧了。

第八辑　最好的爱情，
是让你做自己

无论走到哪里，都应该记住，过去都是假的，
回忆是一条没有尽头的路，
一切以往的春天都不复存在，
就连那最坚韧而又狂乱的爱情归根结底
也不过是一种转瞬即逝的现实。

——《百年孤独》

一个人、一件事，
醉一次就好

毕业前，我醉了，你以为我醉了，但那一刻，我比谁都清醒，明天，我们将各奔东西了，虽然这样的字眼儿你不曾说出口。

在你抛弃我之前，我逃走了。一张火车票，拉开了我们之间的距离，我想这比分手会更好些，因为你会不痛不痒。

青春，我们都曾一本正经度过。

我把记忆的碎片努力拼凑，不是因为无法忘怀，而是因为我想认真对过去负责，我努力搜索着最贴切的字眼儿去给我们的过去下个定义，我倔强地不肯落入俗套，把你定义为"青春"，你尚且不够格，如果青春如你，我宁愿不曾度过，幸亏我的青春不只有你，所以在迷茫后，我还会清醒。

清醒？我终于找到一个很贴切的字眼儿——烈酒，对，你是烈酒，我认真醉过。

第一杯，我喝得太猛了，所以一开始就醉了，醉了便久久不能醒，我痴迷于你所说的每句话，相信你的每个承诺，然后认真勾勒我们的未来。

第二杯，我喝得太急了，所以很快酒劲儿就上了头，分不清东南西北，恍恍惚惚看到你在我面前，不太清晰，伸手一抓，不在，原来你在我身后，你说我的样子太丑陋了，这都被你发现了，你的观察真是入微。

第三杯，我喝得太多了，所以没多会儿，我就吐了，我想吐尽我们的"海市蜃楼"，你不真实，你说的话也不真实，连你所做的一切都不真实。

第四杯，我已经喝不下了，但还在努力勉强喝着，因为想醉一辈子，就如同谎言，听一辈子我也认了，谁叫我醉在你的世界里。

第五杯，我喝了一半，我想喝完，但是被上帝捶晕了，还有半口，我们是不是就可以一辈子？

醉了，醒了，你也不在了，剩下的，只有那五杯酒在胃里翻腾，你说胃是不是很贱，没事去撩拨心，它不知道心会痛吗？你说心痛为什么会流泪？

为什么心痛都要眼泪告知全世界？我只想低调让心滴血，而不是让泪腺落泪。

临走前，我一直想请你喝酒，这次我不想醉，我想你醉，可我想起来你从来没有醉过，因为你不喝酒，你不喝酒，怎么醉？

原来，我们的过往，只是我一个人的独角戏，我唱得那么用力，而你面无表情，屹立在那里。

如果有一天，我们在人海茫茫相遇了，我一定请你喝酒，不管你喝不喝，反正我不喝，一个人、一件事，醉一次就好了。

我相信各自天涯后，你一定会为某个人喝酒，一定会为某个人认真醉，某个人一定很重要，至少比我重要。

离开你，我会依旧醉，但不再为你。我一定会在第一杯的时候醉，醉了就不再醒了，我想他也舍不得让我喝第二杯，因为酒喝多了会伤身，我一定会嫁给这样一个爱护我身体的人，疼爱我的身体才会疼爱我这个人。

那些等不到的人，
不必再等

我等过你一分、十分、百分、千分、万分，但一辈子，不想等了。

你总是若干次说着"对不起，对不起，我又迟到了"。我将你迟到的时间累积在一起，一万分，一万分的时候，我决定不等了。

你之所以恃宠而骄，是因为我爱你爱得无可救药，如果有一天，我不爱你了，你便再也没有骄傲的成本了。

我得意地笑，然后得意地哭。

我喝着咖啡，看着窗外来去的甜蜜恋人，或进或出，他们都是手牵着，而我一个人，一个人进，于是我也选择了一个人出。

走到我们曾经路过的玻璃橱柜外，那件衣服似乎不如曾经靓丽动人了，但我依旧好喜欢，你说有一天会买给我，哪一天？你说有时间的一天，哪天才算是有时间呢？于是我自己买了，然后又扔了。

我真的太浪费了，但相对在你身上浪费的时间，我又太节俭了。

我去了我们曾经约定要一起吃的巴菲，你说等你有钱了，会带我来这里，这句话你已经说了两年了，我看了看标价，1000块，的确很贵，但我相信若你想，你一定会从各种应酬之中挤出那1000块，然后挤出一小时，陪我认真吃完这餐，我忘了，你太忙了，我还是一个人吃吧！

九寨沟，我不想一个人去，但也指望不上你去，所以我约了"驴友"，她看起来好小，但她好勇敢，敢一个人消磨那些孤独如冰的日子，当她问及我为什么一个人的时候，我该怎么回答？年龄写在我的脸上，身边没个伴儿说出来听起来简直就是一个笑话，我不想说你忙，我忘了告诉你，"忙"在女人眼中就是"不爱"的借口，我不想说一个真实的谎言，所以微笑答之，这意味着酸甜苦辣自知，不想与人共享。

看看手机，没有未接来电。我有多久没联系你了，你估计也忙忘了，我认真拿着计算器算着时间，刚好一万分，你没有察觉，我想家里的小猫小狗失踪 24 小时，也该有所察觉和有所反应吧。

生活，到底还剩下什么？

我自己回来了，你不在，你应该回来过，冰箱里的东西空了。

我拿着购物袋推着购物车享受一个人的时光，我不再看着来去两个人背影的羡慕落泪了，因为习惯了，我是那么习惯一个人。

我填满了冰箱，打扫了房子，给自己做了一顿饭，我跟你的照片面对面，这画面是不是很讽刺，可是平时我就是这样做的，用意念把你召唤在那里，然后喃喃自语，这个样子跟疯子无二。

谢谢你的照片陪我用完最后一餐，我走了，不要找我，你的心是我住过的房子，可你并没有用你的心留住我，我相信未来的你一定很好，但不管多好，一个家需要用欢声笑语来慢慢温暖，这种温暖是你用多少成就都无法换取的。

酒桌上的你少喝些，身体不好就不要逞强，今天的你又忘记带胃药了，如果记性不好，就抄录在备忘录里吧，备忘录不要只记一堆陌生的电话，那些电话又不能当饭吃。

不要想着让我再给你一次机会，我已经给过很多次了，我们也为此吵过很多次了，你说你很累，我想说我也累了，所以就这样吧，等不到的你，我们相见无期。

远离现实的爱情，
如同盛宴前的空盘子

我们都是象牙塔里的孩子，连描绘的明天都是彩色的。

我们手牵着走在校园里最亮丽的风景旁，画面的定格就像童话故事，我小心翼翼将那些照片装订成册，绘成最美丽的五颜六色。

很幼稚，但却乐此不疲。

那时的生活并没有文字里的那些诗意。不过是操场上随风你追我赶，跑累了就安安静静躺在草坪上闭眼小睡；不过是餐盘里偶尔多个鸡腿，分享并细细咀嚼着，就如同咀嚼甜蜜和幸福；不过是课堂上你在左，我在右，然后相视傻傻笑，浑然不知老师点中了你我的名字……

我们肆意度过一个又一个春夏秋冬，不捣乱、不闹腾，就如同春天花会开、冬天雪会飘满天，我们只是安静享受着，也煎熬着短暂的别离。

一日不见如隔三秋放在象牙塔里的爱情一点也不夸张，掰着手指数着再次见面的时日，一天打三个电话感觉话才说了一半，于是把另一半悄悄写在日记里。

关于那些争吵，我们不曾畏惧，我们都深刻相信着峰回路转，蓦然回首，我们彼此都在。

吵吵闹闹一辈子，吵不走，闹不散，我们噘嘴等待对方先道歉，你有你的骄傲，我有我的倔强，平手，握手，牵手。

牵手之后就不要放开了，好不好？

我们都曾这样坚定地点头，斩钉截铁地承诺。

承诺，我们习惯张嘴就来。

我们一辈子都这样好不好？我们一起买菜，我做饭，你洗碗；我们一起上班，我坐车，你开车；我们一起旅行，我擦汗，你撑伞；我们一起……

我们承诺的，一件都没做。

是时光匆匆，还是我们匆匆？总之别离了，追究显得很没有必要。

在人海茫茫之中，若是再次相遇，我们会怎样？不知道。

但时间很快给了我们答案，我们走在曾经熟悉的校园里，问着彼此是否过得还好，然后彼此回答都还好，我们告知彼此都拥有了另一半，笑着也哭着。

若是再来一次，我想我们还是这样，但依旧感谢彼此陪彼此度过那段岁月年华。

我们坐在我们曾经坐过的食堂桌椅，只是中间没了餐盘，因为我们毕业了。我们聊了很多，只是关于过往，谁也不再提了，似乎说多了都是泪，我们都被岁月刺痛了泪腺。

临终前，你说一切重来好不好？

我摇头。

就此别过。

分开后，我才开始慢慢明白，我们都曾渴望一场爱情盛宴，里面承载着生命所赋予的一切。当走出象牙塔的时候，才发现爱情也不过是生命的一部分，我们在爱情盛宴上放满了空盘子，仅靠这些空盘子我们无法生存。

也许，现在的你将这些空盘子填满了，盛宴摆在了眼前，但与你用餐的人已不是曾经的我了。

你的婚礼，你没有通知我，但我不请自来了，你应该学会不生气，我们都成熟了，控制自己的脾气是我们的必修课。

婚礼上，我看到了与你用餐的那个人，很漂亮，我想你应该也很幸福。

我一个人来的，在角落，你不知道。

那次相遇，我学着曾经张口就来的口吻告诉你我有了另一半，你信了，既然你信了，就算是有吧。

祝你幸福，原谅我在爱情的盛宴上，先离席了。

我是
有精神洁癖的女子

我的设计模型得了第一名。

尽管我得了第一名，我也无法说出里面所用的知识，所以面对建筑学老师，我只能微笑。

因为来回移动，房子有点变形了，回到寝室我准备用胶水固定一下，但手指不小心碰到房屋柱子，房子塌了。

接着一个电话打来，我把自己锁在厕所里放肆哭泣，不理会任何人的叫喊。

就在上个礼拜，他还帮我把模型送到参赛现场，短短几十个小时，这是怎么了？

我把倒塌的房子随便一揉装进盒子里，找到他，随手一扔，我不要了。

我倔强地不肯出门，因为怕遇见"鬼"。

趁我上厕所的时候，室友把我锁在寝室门外，丢给我几件衣服，该死。

我穿着衣服刚走下楼，就遇到"鬼"了，我把他当空气，即便擦肩而过，也懒得瞥去一眼。

"你还好吧？听浅说你把自己关在寝室快一个月了。"浅是我的室友。

我装作没听见，去往食堂，人是铁饭是钢，我又不傻。

"你能说句话吗？我知道这件事我对不起你。"他的口气有点着急，是担心我有个好歹？

"你能离我远点吗？"他太高了，我必须仰起头才能与他对视，与他对视，才能让他看清楚我眼中的愤怒。

我就这样一个人走了。

该死，哭什么。

当老师问我要模型准备放在学院进行展览的时候，我摊手，表示无可奈何，最后找了个借口说模型出了点问题，拖延一点时间。

再做一个模型？太不现实了，其实我不会，都是那个人做的。

我打电话给他，他把我弄得粉碎的模型弄好了，我请他吃了饭，然后搬着模型走了，那个模型至今还放在学院的展览室里，这可是骄傲。

关于他，在寝室是禁语，但不意味着寝室以外的人会顾及我的感受，他是风云人物，关于他的事情哪怕是吃饭上厕所时都能飘进我的耳朵里。

他跟某人好了，跟某人吵架了，跟某人分了，怎么好的，怎么吵的，怎么分的，连对话都绘声绘色，讲得跟亲眼看到似的。

他分手后，找我吃饭，我故意拉了个帅哥坐在他对面，那顿饭要多尴尬就有多尴尬。

后来就再也没联系了，毕业也没有，不知道他去了哪儿，校园里传的版本实在太多了。

参加工作后，因为业务上的关系，我们有了交集，这种交集我只想定义在业务上，他说我一点都没变，我点头说："是的。"

回到家，我接到电话，有快递。

回到家，我拆开快递，是房子。

我学着当年的样子，拨动房子的柱子，塌了。

我打电话过去，让他来取。

"悦悦，你能不这样吗？"

"不就因为我这样，你才跟我分手，不是吗？"

"当年我承认我错了，你也不能这样追究一辈子，不是吗？"

"我不会追究你一辈子，因为，我们没有一辈子。"我斩钉截铁。

他走了，再也没过来过，挺好，再也不会有人来骚扰我了，为我们落下最后一行泪。

你知道吗？当你用心为我搭房子时，我就已经住在你心里了，你的心是我曾住过的房子。当你狠心让我腾出房子给别人住时，就应该明白我彻底搬出来了，也回不去了，因为我有洁癖，你是知道的。

年少时，
谁不是一本正经地浪费时光

昨天来电，我曾教过的一个学生问我："大学谈一场恋爱，如果没有结果，是不是太浪费时间了？"

我笑着问："怎样才算是不浪费时间？"

学生："现在好好读书，将来找一个好工作，嫁一个好老公，生一个好孩子。"

我笑笑，挂了电话。

我的大学，也遇到过这样一个女孩儿晓椿，她对我们恋爱里的喜怒哀乐表示很不屑，她成绩很好，老师很喜欢。

寝室、食堂、教室三点一线，人生会不会留遗憾？

我这样问过晓椿，她对课本的专注，让我止于对她的"打扰"。

毕业后，她去了也不算太差的公司，谈了一个条件还不错的男朋友，当我们感叹她人生的顺利时，她却辞职出去旅游了，辗转到我所在的城市，我请她吃饭。

饭桌上，她点了酒。

酒！在大学里，被她列为不良产品，她总是一本正经。

她说她后悔了，如果能再来一次，她一定要谈一场轰轰烈烈的恋爱，正经八百参加一个社团，多回家几次看看爹妈。

因为同事关系处不好，因为不懂和男朋友相处，因为和爹妈说不到一块儿去，郁闷，便外出游玩全国。

好好读书是一个人的事，工作是跟一群人的事，家庭是几代人的事，学习，不仅源于课本。

有人说，女孩儿成长的速成课就是谈一场轰轰烈烈的恋爱，因为在不懂得装饰自己的年纪可以肆意暴露自己的缺点，无数次的伤痛便是无数次的成长，成长的次数多了，就成熟了。

没有结果，又有何惧？恋爱的美从来不在于结果，有结果的那叫幸福，没有结果也不代表你不幸，也许你逃离的是一个不好的世界呢！

逝去的青春，谁不是一本正经地浪费时光，没有谁比谁好到哪里去，人生经不起计较，计较下来，又有多少时光是活着的价值？

辗转几圈后，晓椿重新找了份工作，慢慢将错过的补回来，用心且小心翼翼，时常迷茫，关于对与错，关于值或不值，她在重塑三观。

毕业后，每一场恋爱都如同快餐，谁也没有时间教你慢慢成长，更别提成熟，适合走一生，不适合说分手。

成人的世界一切都简单化了，因为谁也没时间开玩笑，需要留出更多的时间思考生存，然后在生存的道路上奔跑。

学生来电："老师，我想好了，我要谈一场轰轰烈烈的恋爱，这样才能祭奠我的青春，很多年后回忆起来青春一片空白，那是多么可悲的事情……"

错过人生理应经历的阶段，算不算一本正经浪费光阴？我们时常活在"自以为是"中。

学生又问道："老师，看着身边的同学吵架落泪，我看着好可怜，怎样才能只是开开心心而不受伤呢？"

我笑着说道："那就不要恋爱。"

"这是个办法，只是，虽然不受伤了，也不能开开心心了。"

"那看你怎么想了。"

爱情，之所以让人蠢蠢欲动，是因为里面充斥着甜蜜；之所以让人刻骨铭心，是因为甜蜜充斥着伤害。

而恋爱的精华，便在于伤害，因为伤害才会让你成长，让你从容面对未来，而婚姻的价值在于收获恋爱果实。

回不去的爱情
不适合深藏

坐在面馆吃面，一个熟悉的身影走过玻璃窗外，我尽量用碗挡住脸，结果汤倒了一身。

餐桌上的纸都被我用完了。

"你还是那么毛毛躁躁，给你买的衣服，去换上吧！"

这速度，太快了，跟我说话的是我单相思的宇，曾为之心跳，但现在心跳戛然而止了，所以我离开了他所在的城市。

这里，我们又相遇了。

我依旧如从前跟在他的后面，如邻家女孩儿跟着大哥哥，他转过身，看了我几眼，手伸出裤兜，想想又放了回去，因为我的表情并不太自然。

有他在，回头率果然很高，他一如从前傲视那些眼神。

坐上他的车，我们去往了游乐园，这是我们第二次去游乐园，第一次是在学生会集体活动，我作为他的搭档坐在他的身边玩过山车，身为一个男生玩过山车玩吐了，我嘲笑了他半天。

那时，我还没喜欢上他，所以我的笑声很肆意。

这次，他依旧吐了，我依旧肆意地笑，然后给他买了水。

走在游乐园里，来回的小朋友脸上洋溢着童年的天真无忧，宇跟小朋友玩得开心，帅气的脸连小朋友跟他都格外亲。

我坐在一旁喝着拿铁一边看着，以前的我会拿着冰激凌。

一路上，宇说了很多关于我们的曾经，比如一起挂宣传横幅，一起在学生会煮速冻饺子，一起在大冬天吃老冰棍……

他问还能回去或是继续吗？

他问这句话的表情凝重，让我难以回答。

回到家，我一宿难眠，脑海中萦绕着我们过去种种的回忆，包括那时对他的羞涩与心跳，我努力寻找着那样的感觉以求我们真的可以回去或是继续。

一宿思索无果。

回不去了。

我将他买的衣服洗干净，晾干后约他出来，他留给我的不仅是一个电话，而是一部只有他电话的手机。

里面有我发的短信，那是编辑很久却只有四个字，没想过要发送出去，但因为室友的一撞，指尖划过"发送"。

即便无意，但也心心念念会有个回复，可惜并没有，也自此我没见过宇。

我小心翼翼删着短信，一个一个字——你、欢、喜、我。

我打算把那些本应属于他的东西还给了他，包括回忆。

刚走进商场，每人递给我一枝玫瑰，走到商场中央，左边的热气球挂着我的名字，右边的热气球挂着"我喜欢你"，接着玫瑰花瓣漫天落下，宇单膝跪地，这是要——求婚？

逃。

我还是那么没用。

刚要逃，被拉住了，拥入怀中。

"你说过，这是你想要的表白方式，你不记得了吗？"

"我没忘，只是有些事不适合深藏，这是你的东西。"我挣脱他。

对的时间遇到对的人，幸福握在手心，我们输给了时间、输给了曾经，也注定了背道而驰。

骄傲如你，你如风一般消失在烟雨朦胧中，我在角落目送你远去的背影，就像曾经在教学楼的拐角处，我上，你下，我慌张躲在门后，待你走后，悄悄望去，然后渐行渐远。

　　关于你，我一件事都没有忘，就如同不曾忘却一日三餐一般，我甚至想用灵魂告诉你，回忆你曾是我每天的功课，只是此时此刻已不同彼时彼刻，我们的手注定要牵上另一个人的手，然后将回忆整理任由岁月淡化，那些事已经不适合在内心深藏。

别嫁给一个
容易走丢的男人

在你眼中，我是个乖乖女，就如同一个永远不会犯错的孩子，可能你忘了，孩子都是会长大的，视觉和嗅觉都会更加完善。

认识你的时候，我就仰望你，脖子永远不会酸。

好多女孩子都仰视你，所以我只能踮起脚尖仰视，这样会稍微突出一点，这样你也会注意我一点。

你走路的脚步很快，因为你很高，所以你走一步，我得小跑两步，在你走的道路上，我一直在小跑着。

我特别害怕去人海茫茫处，不是因为我害怕走丢，而是我害怕你会走丢，你走丢了，我就找不到你了。

所以我要紧跟着你，连毕业也要紧跟着，所以我随你去了天涯海角，天涯海角你什么都做过，可我想做的就是找一份稳定的工作，建立一个安定的家，生一个胖胖的娃娃，你很霸道，所以我一直不敢说。

你喝醉了，酒熏味儿弥漫，可我依然能闻到浅浅的香水味。

如果可以，我希望我的鼻子失灵。

你倒在床上不知道叫着谁的名字，反正不是我的。

眼睛睁开的时候，你不在，我倒在沙发上。

看看时间还早，出去走走，看看花草绿茵，我觉得我应该养条狗，在它需要吃饭的时候，它也会提醒我我该吃饭了。

于是我买了条狗，你猜怎么着？它会对我笑，而你不会。

我跟狗吃饭的时候，你回来了，你问狗怎么上餐桌吃饭了，连狗都能听出你的语气不好，所以它灰溜溜逃到房间去了。

你坐在狗坐的位置，我突然觉得你不配。

我告诉你，你脸上有口红印，你语焉不详地解释两句，我的眼神写着不相信，不小心被你看出来了，你停止了解释。

你说你对我一直有所亏欠，所以给我买了一克拉的钻戒，钻戒在灯光下熠熠生辉，可我觉得有些刺眼。

你说戴上吧！

我说放那儿吧！

我不想跟你说话，我想去陪狗玩。

我听见你又出去了，打开门口的通信屏，我看见女孩儿很得意地对着摄像头笑，这个细节你没注意到，我说了你也不信，因为在你眼中，她可能比我单纯，因为她比我年轻。

我不想落泪，泪都落干了。

我走了，你应该不会想，果然你不会想，你来电说："我要和你离婚。"

"离婚协议在桌子上，我们法庭上见。"

别因讨好爱情，
打破自己的标准

车水马龙，我们相遇，好巧。

"你好吗？"

"挺好的，你呢？"

"也挺好的。"

我们成了最熟悉的陌生人。

"呃……有时间吗？我们去蹦极。"

"对不起，我不敢，我胆子小。"

"你原来不是挺勇敢的吗？"

因为你，我才勇敢，你曾是我最冒险的梦，我不会这么说，因为矫情，所以沉默，然后分离。

你曾对于我来说总是遥不可及，但又因为喜欢，我不得不想方设法靠近，你喜欢冒险的女孩儿，于是我成为了能冒险的女孩儿，所以我陪你去蹦了极，然后你选择了我。

我一直没告诉你我的感受，除了一个"吓"字。

蹦极前一晚，我极度失眠，一宿未睡，如同面临生死一般，我甚至写好了遗书，准备告诉全世界，如果我意外升天，一切与你无关，都是我自愿的，花季少女就是这么天真，一切活得都如同电视剧。

但我也不傻，知道有一切保护措施来保我平安，我也知道我为这份游戏买了保险。

我怕是因为我恐高，你一直都不知道，因为在你面前我总是勇者无畏，所以你才会喜欢我。

你看出了我的黑眼圈，我只能谎称兴奋，你信了，我在庆幸你信了。

跳的那瞬间，我经不起犹豫，犹豫会暴露我的害怕，害怕会让你远去，所以在还没完全做好安全措施的时候，我就纵身一跃。

我以为我死了，还好！我还活着。

我醒的时候，你说我把你吓死了，然后就把我拥入怀里了，就这样，我们在一起了。

回学校后，我俘获你的各种版本在校园爆炸了。

那一跳，我曾经无悔，我用了"曾经"这个词，说明我现在后悔了，谁有资格剥夺我的生命，谁都不可以，你也不行。

明白这个道理是在你跟我提出分手的时候，我曾想过纵身一跃，就这样结束我的生命，就如同曾经那一跳，只是我不希望如同曾经那般幸运，也不要给我残喘余生的机会，因为那会是所有人的拖累，应该不会是你的，因为你有选择逃的机会，而我的父母没有。

当我明白这个道理的时候，我就决定好好活着，为了值得我为他活着的人。

当我看着你身边的女孩儿，我觉得她应该不勇敢，我的感觉没错，她只是漂亮，我突然觉得我的勇敢就是一个笑话。

你打破了自己的标准，应该是我让你打破了，你说过我缺少女人味儿，我一直在诠释"勇敢"，丢掉了本性。

我不是你看到的这样的，我一直想解释，那我应该是怎样的，你若问起，我该如何回答，我的回答会否定我所做的一切，原来，我一开始就错了。

"呃……有时间吗？我们去蹦极。"

"对不起，我不敢，我胆子小。"

"你原来不是挺勇敢的吗？"

因为你，我才勇敢，你曾是我最冒险的梦，我不会这么说，因为矫情，所以沉默，然后分离。

最好的爱情，
是让你做自己

我喜欢乔，是一场意外。

告别宇，我独自对着酒杯为我的矫情干杯，然后一饮而醉。

青春一别，终不来已。

我感觉有个人在对面看着我，我以为是宇，我习惯性摆出最"得体"的姿势、展现最精致的妆容、显露最淑女温柔的气质，这真是好习惯。

一觉醒来，我在宾馆里，还有一个男人。

我检查自己，衣服不见了，我冲他怒吼："你把我怎么了？"

"我把你放在了床上。"乔从沙发上起来倒了一杯热水。

"然后呢？"

"你希望有然后？喝吧，叫喊了一晚上也该渴了。"

我挥手水杯掷地，他的手被烫了，我的酒品不好，就当作我酒还没醒吧！

"你也不说声'对不起'，活该被甩。"他用纸巾擦手。

"我衣服呢？"

"我扔了，你穿这个。"

半个月的工资——没了，我一巴掌过去，他身子一歪躲了过去。

"开个玩笑，服务生给你换下后拿去干洗了，不过你确实需要先穿这个。"

……

门铃突然响起，开门，乔在外面，刚要关门，被乔拉开了，"欣赏一下女寝，据说比男寝干净多了。"

乔收拾了一早上才勉强找了个地方认真坐下，"这辈子，我看你是嫁不出去了，比我家小白的窝还乱。"

"我要出门，你可以走了。"

"我也要走，一起走？"

"我还没梳洗化妆。"

"你慢慢化，我不着急。"

"哥们儿吃饭，你去不？"乔来电。

"不去。"

两个小时后，门铃响，开门，一群人，乔嬉皮笑脸："你说不去的，我只能让他们来了。"

乔端茶倒水，还真把这里当成自己家了，我们很熟吗？

厨房里，我看着乔拎来的菜，一脸茫然，乔刚好过来，我悄声说道："呃，我不会做饭。"

"没打算让你做，你在旁边看着。"乔关上厨房门。

一桌饭菜摆齐，乔招呼哥们儿坐下："我媳妇儿做的，味道好极了。"

"谁是你媳妇儿？我是你女朋友。"

有人说，真正的感情来得一点都不折腾，我信。

有人说，我爱你不是因为你是谁，而是我在你面前可以是谁，我信。

而我说，我喜欢你，是因为在你面前，你让我活得最像自己。

钱不代表爱情，
但能代表他的态度

爱情价值几何？

惬意地坐在咖啡屋，摘下花瓣，一片一片又一片，待最后一片落地，她的眼中眼泪滑下。

象牙是世界上最好的男人，至少惬意曾这么认为。

她与象牙的相识就像是命中注定，因为那时正是惬意人生的最低谷，她刚刚步入这个陌生的城市，钱财都被偷了，连证明自己身份的身份证也被偷了，所以在她"摇尾乞怜"寻求帮助她的人时，没有一个人相信她。

饥寒交迫，坐在天桥上。

当她埋头寻求一丝温暖的时候，她闻到了包子味儿，那一定是错觉，惬意让自己赶紧清醒。

"我信你，你先吃口包子。"象牙这句话，惬意一辈子都不会忘，在全世界都不愿意相信她的时候，有人相信了她，这个人被她定义为命中注定。

象牙为她解决了所有困难，惬意在这座孤零零的城市扎根了，她备感温暖。

严寒，象牙会将热水袋装得满满，然后暖透被窝让惬意美美睡着；酷暑，象牙端过冰冻凉白开，然后端到惬意手中传来一丝凉意。

惬意觉得男人如此，便将自己托付于他。

双方父母见面，象牙的父母提及彩礼一事，明确说明嫁女儿不是卖闺女，家中没有备彩礼，愿嫁不嫁。

惬意以为象牙会对他父母的态度有所表示，但他只是低头不语。

双方父母散去，惬意宽慰父母，父母撇脸睡去。

惬意在电话这头苦闷几句，没想到象牙挂断了电话，他可从来没有这样。

彩礼？

朋友香香也没要彩礼，但公公婆婆的态度并不如象牙父母那么理直气壮，而是谦和地说明情况，婚后关系也并不见不幸。

怎么这事落在自己身上……

周末约会，相谈甚欢，恰逢买东西的时候，象牙为了三两块的差价跟老板讨价还价，惬意觉得三两块不过是一根冰棍儿的钱，准备付款的时候，象牙的表情充满了怒视，她又把钱收了回来，把钱给了象牙，让他自己决定。

在讲价的过程中，象牙把钱弄丢了。

钱丢了，心碎了。

因为100块钱，象牙数落了惬意一路，大庭广众之下。惬意受不了了，将购物袋往地上一抛，跑了一天，一个电话都没有。

惬意坐在咖啡屋，摘下花瓣，一片一片又一片，待最后一片落地，她的眼中眼泪滑下。

走出咖啡屋时，象牙来电，语气依旧不太好，还能隐约听到象牙父母的声音，大致意思是不要惯着媳妇儿，这样会把媳妇儿宠坏的。

媳妇儿？还没领证呢。惬意挂断电话。

待象牙再次来电，他已成为了陌生人。

惬意觉得自己特别可笑，就在前几天，她还在信誓旦旦为象牙做着各种辩解，以求得父母的理解，父母有句话说得如真理般："你以为我们在意的是区区几万块吗？我在意的是他们的态度，这样的态度足以让我们预见你的未来。"

爱情的道路上，再怎么竭力奔跑，终究输给了一瞬，那一瞬决定两个人的爱情价值几何，或坚如磐石，或脆弱不堪。

惬意和象牙的爱情连 100 块都不值，今天象牙会为 100 块对惬意怒吼，明天象牙会为了一针一线对惬意怒吼。

第九辑　不辜负时光，不辜负自己

在我们这个星球上，每天都要发生许多变化，有人倒霉了；

有人走运了；有人在创造历史，历史也在成全或抛弃某些人。

每一分钟都有新的生命欣喜地降生到这个世界，

同时也把另一些人送进坟墓。这边万里无云，阳光灿烂；

那边就可能风云骤起、地裂山崩。世界没有一天是平静的。

——《平凡的世界》

为什么结婚后
生活突然糟糕

晓晓坐在我的对面，关于抱怨，我已经听了接近两个小时了，我杯中的咖啡已经见底，换了一杯牛奶。

晓晓结婚两年了，退居为家庭主妇，天天围着厨房和孩子转，她的抱怨如同大多数的少妇所抱怨的，圆滚的身材，孩子的奶瓶，老公不愿多看自己一眼。

这种抱怨我也有过。

每天不愿多看镜子一眼，因为不想承认镜子里的那个人是自己；一天 24 小时的任务就是为孩子提供最营养丰盛的奶水；乔回来的第一件事是看孩子，关于我，多是鼓励安慰的话，没有欣赏。

我曾一度觉得自己验证了男人变心，婚前婚后的生活截然不同，没想到自己会变成那个连自己都不认识的自己。

那段时间，我惧怕去各种充满美好的地方，因为害怕乔的眼神定格在那些胸挺、腿直的美女身上，也惧怕走到各种衣服柜台，害怕尝试任何一件衣服。

我觉得世界各种充满了不美好。

对于美好，不仅男人喜欢，女人也喜欢。走在大街上，我也会左右环视然后定格在某个模样姣好的女子或男子身上。

当我意识到这一点的时候，我决定改变，让自己美好，让自己的生活回归于正常。

一切都没变，世界没变，身边的男人没变，其实变的不过是自己。

生完孩子后，我穿上一件自认为能穿得上的衣服时，瞬间尴尬，当衣服卡在我的肚子上而无法往下拽的时候，我才意识到自己的变化是多大。

服务生侃侃而谈如何减肥，而不是劝我买下那件更大号的衣服。

我报了健身班，跟一群和自己一样臃肿的女人抖动肚子上的肉，她们也胖，但勇于改变。放大自己曾经瘦美的照片放在家里最显眼的地方，激励自己坚持按照健康减肥的食谱食用一日三餐。

一个月下来颇见成效，至少大号的衣服能穿上我身。

逛街不跟别人比，至少我比过去好。我买了小一号的衣服，每当打开衣柜，就有瘦下去的毅力，因为衣服价格不菲。

约几个朋友或短或长地旅游，告别只有孩子的世界。

我将我的经验告知晓晓，晓晓一副不太现实的表情。

不是世界为你关了门，而是你为世界关了门。

告别晓晓后，乔开车接我走，因为我要去练瑜伽，跟一群生活积极向上的女子为伍，努力打造自己而不是抱怨周遭。

在瑜伽课上，有一个离异的女子，她轻描淡写地说着她觉得已经无关痛痒的过去，她更愿意跟你聊现在，现在的美，现在的世界，她总是标榜她的座右铭：不辜负每一份热情，不讨好每一份冷漠，不畏将来，不念过去！

瑜伽课后，她儿子会来接她，偶尔也会有几个追求者，她愿意跟自己做朋友的人迎着淡淡月光摇晃杯中的红酒。

她总是不排斥美好的事情。

晓晓找我的时候，我并不知道她就在健身房外。

我们再次喝咖啡，她说她受不了现在的生活了，她说她要离婚，我问："离婚会让你的生活状态好些吗？"

她想想，摇了摇头。

我们习惯性破罐子破摔打破一个世界，却不用心去营造一个美好的世界或是去发现这个世界的美，这个世界不是不好，而是我们见得太少，我们总是努力改变世界，而不是努力改变自己。

是我们酿就了自己的悲哀，还是世界？

别辜负
婚姻中的自己

身为女孩子，我们总是设想过我们的未来，却没设想过两个人的未来，因为另一半的未知注定了我们难以设想两个人的未来。

何时何地，都难以确定。

婚姻，我们曾设想过它的神圣，却在顺其自然中转入了平凡，平凡到围着柴米油盐酱醋茶转，这样的我们，我们却从未预知过。

左手拎着菜，右手挽着老公；我做饭，他洗碗；两人依偎在一起端着樱桃，看着电视探讨着剧情，然后慢慢睡着。

以上是童话。

大多数的情况是，他加班到半夜，难以约一个彼此都有的时间看一场刚上映的电影，好不容易在外面吃一顿饭，你却等到饭菜凉，心思苦闷导致了连环吵。

日子，并不令人十分满意。

好不容易能手挽着手出去吃个饭看个电影，生活琐事打败了所有的计划，水电气柴米油，想想生活就充满了愤怒。

生活，应该怎么继续？

表妹婷美在婚礼前逃婚了，不是因为不爱新郎了，而是因为对未来充满了恐惧，用她的话说，她还没有心理准备来迎接往后的日子。

婚礼前一晚，她躺在我的身侧，辗转难眠，最后哭泣。

"表姐，对不起，吵到你睡觉了。"表妹意识到一侧还没熟睡的我。

"没关系。"我坐起身，"睡不着就不要睡了，我陪你聊会儿天。"

"表姐。"表妹也坐起身，"你觉得你的婚姻让你幸福吗？"

我沉默良久不语，然后摇头。这是实话，我一直认为两个人一定比一个人幸福，因为我们有着共同目标——建设美好家园。可是，何谓美好？

"表姐，我怕输给时间，我怕时间会辜负自己，我怕我用心搭建的未来会溃于柴米油盐中，就如同你一般。"

表妹说出了我的心声，也说出了我的可悲。

婚前，我还有一份自给自足的工作，有着自己的追求和理想，在闲暇之时还能旅游，还能喝咖啡；婚后，我斤斤计较于一包盐的价格，生活中只有老公和孩子，闲暇之时不过是抓紧时间补个觉。

"如果再来一次，我一定不会这样，"我看着表妹的眼神，"当然，我说的不是不步入婚姻，因为我们迟早都会步入，而是选择另一种活法，我没变，如同过去，如同婚前的自己。"

我一定会。我大胆想着我应有的日子，不放弃追求、梦想，不吝啬于每一分钱，让自己依旧漂亮，让自己依旧如从前，我一定不辜负自己，让自己完全牺牲于家庭，永远为自己留一片天地——或跌或撞。

这些话，我没说出口，因为没有实践过的话会容易误导。

"可能吗？"可能吗？我也不知道，表妹的眼中充满期待，期待一切如旧，比如任性。

"可能吧！"我的语气不是那么肯定，但足以让表妹步入婚姻，因为目前没有比这更重要的事了。

想法确实有些天真，但也没达到完全不可取，至少一个人享受美食和电影时没有那么多的失落。

竭力做到不辜负自己，做曾经的自己，是不是一个人似乎无所谓，快不快乐才是最重要的。曾经的一个人，为了让自己努力活得更好，我们会力争上游，现在的一家人，在让家庭活得更好的同时，也让自己活得更好，那些喜欢的、爱好的依旧持续，不管未来在哪里，往后的日子，我们都不要辜负自己。

用心生活，
时间会给你答案

毕业那会儿，为了一份工作，颠沛流离，不知所往，看着来往的行人，时尚美感，脸上洋溢着最好的笑容，希望有一天，我能成为这样的自己。

刚找到工作那会儿，为了一日三餐，拮据到计算没有一分的程度，唯恐月光，坐同事的车微微偏过45度瞧见她淡然的表情，希望有一天，我能成为这样的自己。

到了婚嫁的年纪，身边还没有一个像样的男朋友，瞧着听着某个不错男人的八卦，一阵唏嘘，好男人都成了别人的老公，希望有一天，我能成为好男人的老婆。

奔三的纠结，看着身边女儿躺在怀中，小心翼翼去拥抱，那一刻，感觉到生命的重量，偌大的"羡慕"写在脑门儿上，希望有一天，我能成为这样的自己。

……

细数过去，每一个希望都在顺其自然中悄悄实现，我希望的希望，不再是希望。

时间是一件很奇怪的东西，不会让你随心所欲，却能让你随努力而所欲，似乎在告诉你，想要得到的至少要伸胳膊。

生日那天，我和乔去登山，他因为长时间的加班，体力有些不支，我如同十七八岁少女往上跑了很长一节，然后回头对他狂吼，很有讽刺的味道。

待爬到山顶，我看到很多人会在一棵许愿树上挂红布条，布条上写着各种愿望，如"生生死死在一起""妻女永保康健""祝福过去，祈祷未来"……

乔问："你有什么愿望？"

愿望？我拆字理解为原心登高远看。用已逝去的心去渴求未来的事，一边是逝去，一边是强求未来。

我没有愿望，我有的是希望，用现在的心去渴望未来，来去没有奢求。

我对乔摇摇头，不过我还是偷偷看了他的愿望：愿父母身体康健。

公公婆婆身体确实不太好。

在下山的时候，因为跑得快，把脚崴了，懊恼好一阵，其实，我也还能走，只是乔强硬地把我放在他的背上，我们下山的每一步，他都小心翼翼，我突然想，我不要携手共度一生，我要他背我走一生。

那么首要的，似乎是减肥。

我打着自己的小算盘，暗笑出声，他问及："笑什么？"

我摇摇头。

回到宾馆，腰酸背疼，我们皆是，我们如同乌龟爬行，其状很可笑。

当这个场景被入内的"驴友"看到时，她笑着默默退出。待我们走到餐厅准备就餐时，刚刚的"驴友"为我们送来两杯咖啡，从她的眼神中我看出她有话对我说，我示意乔让他离开。

"驴友"开门见山问及我："我觉得您和您先生平凡幸福，怎么做到的？"

幸福？我从来没有这种感觉，深陷其中不知其味？

"你先喝咖啡。"我这样说着。

她对咖啡不感兴趣，但出于礼貌还是抿上一口，显然她对那个问题的答案更感兴趣，一杯咖啡下肚，她也没等到答案，不过等到了她的老公，老公道："这半天，你去哪里了？登山马上就开始了，啊，你也在呀，我看你们昨天爬山挺好玩的，我们今天也去，你们今天怎么打算的？"

我对"驴友"会心一笑，然后回答她老公的话："我们打算回去了，你们玩得开心。"

与其带着羡慕的眼神看别人，不如深陷其中去享受，你希望的希望，都不再是希望，若"希望"没到来，你要做的便是耐心等待。

不必
活在别人的朋友圈里

朋友圈晒幸福，已不是什么新鲜的事，但乔时刻羡慕着那些幸福。如同大多数。

乔的一个朋友齐是秀朋友圈的高手，似乎每天过得美满幸福，美食美人身边不断，生活是难以想象的滋润。

看过他上传的照片，我们如尘埃般渺小，生活似乎只有柴米油盐。房贷、车贷、奶粉、玩具……算着钱过日子，不知哪天是个头。

齐环游周遭一圈，然后绕到成都，我们请他吃饭，顺便叫上其他朋友一起为他洗尘，我们琢磨了半天才痛下心定一个算得高大上的地方，至少与那些图片相称。

半个月的工资没了。

高朋满座，都市的奔跑让这样的聚会难能可贵，白驹过隙，大部分都拖家带口了，光是 3 岁儿童的叫喊声都足以引来斜视一堆，一开始还小心提醒，最后干脆放声热闹。

待我们到齐后，齐才入座，一个人。

齐的表情略带惊讶，他没想到曾经的一个人如今乘以了三，好生热闹。

一一相拥，寒暄入座，畅聊曾经发生的囧事，聊着聊着起了劲儿，齐点了酒，但没有人喝，他只有独酌，原以为我们会凸显格格不入，没想到格格不入的是齐。

乔陪齐喝了几杯，有些微微醉。坦露心声，坦露这些年四处漂泊的心酸。原以为齐是觉得拖儿带女麻烦，结果是因为无妻无女，至今潇洒一人。

乔曾经羡慕的不复存在，我知道他更愿意听儿子咿呀学语，即便外面的世界再怎么繁华，也抵不过三人的世界蹦跳。

现场的话题，房贷、车贷、奶粉、玩具……没有一件事齐能插上嘴，偶尔冒出两句关于他去过三亚或是青岛，因为我们"穷困于此"，谁也没去过，寒暄两句，又回到"柴米油盐"上来。

回来的路上，齐暂入住在我家，他东倒西歪说他不想再住宾馆，那里太冷，因为没有家。我想他需要一个家了，让他备感温暖，不必四处漂泊，他心够累了，没有比朋友圈里那些照片更能证明他心累了。

一觉醒来，儿子爬到齐床边，然后小心站起，齐睁开惺忪的眼睛逗着儿子，儿子在一番认生后依旧给了他一个笑容，他也跟着笑了。

齐觉得成都有"家"的味道，决定在这里定居，之前的"潇洒"用尽了他的钱，他找了份稳定的工作，生活重新开始。

乔正经八百谈了个女朋友，没有朋友圈里那样的貌美如花，她相貌平平，平易近人，这次，他想结婚了。

乔在买房的时候，我们各自或多或少凑出一点钱让他付了首付，在房奴的世界，他终于归队了。

似乎这两年，他的朋友圈消停了不少，似乎朋友圈里的幸福并没有我们想得那么真实，我们只是把它想得过于真实了。

待他结婚生子时，待他为生计四处奔波时，他小心将他所属的幸福定格在他的小世界里，也许，幸与不幸，冷暖自知，世界那么忙，没人会记住。

关于朋友圈，如果真有什么可炫耀的，那就是"朋友一生走""亲情此生可贵"，生命之重，用心留念。

美食，舌尖的味道，留给舌尖记住。

如果再相聚，手机中间放，我们寒暄着，说着各家的囧事，名利抛掷脑后，这个世界没什么可炫耀的，因为大多数，其实都一样。

与未来更好的
自己相遇

昨天，你还是个小女孩儿，会委屈落泪，会任性胡闹；今天，你即将成为女人，会顾全大局，会以家庭为重。

这是你准备步入婚姻殿堂，穿着婚纱面对镜子对自己说的。

细数过往，只为与未来更好的自己相遇。

寒窗苦读十二载，踏入青春校园，享受阳光给予的每一寸温暖，跟一个喜欢的男生谈一场轰轰烈烈的恋爱，用心爱，用力爱，直到将青春耗尽，即便无果，也不算辜负年华，因为你学会了成长，如果那是成长理应付出的代价，一切都是值的。

一杯干尽，从此天涯。

和一群疯疯癫癫的女生吵闹，闹着闹着就毕业了，四方各自，也不知道那一天能重逢，千言万语一杯酒，尽在不言中。

不管是在找工作的路上，还是在工作的路上，你无暇顾及左右的繁华，只着眼于手中那点微薄的工资，无论多么微薄，都是劳动的成果，有些感动，只有自己懂。

工作的大道并不是那么顺畅，会遇到几个跟自己合不来的人、遇见几件跟自己不合节拍的事，却要勉强为之，因为这是工作，没有商量的余地。

当你慢慢明白，慢慢不挑人时，你也在慢慢成熟。

慢慢，你发现你跟谁都很好，但跟谁也说不上两句心里话。

此刻，某个人闯入你的世界，趁着你空虚寂寞冷，趁着你想说上两句不能随便说的话，你怪他来去匆匆，掏空了你的心，却不负责任，你气愤，气愤之后也不过捶打自己两下，谁叫自己那么没出息。

年复一年，每个人或多或少经历着相同的事，但在这些事中，各自成长的速度不同，你还不知道自己有没有能力去想象未来的时候，那个人进来了，进入了你的生活，小心翼翼打开你内心的防备，你慢慢吐露心声，你的心声他用心温暖。

他是那个敲醒你幸福的人，用心呵护你的每个感受，用力维护你所拥有的，原来用心用力不是你一个人的事。

温暖一个电影，享受一顿美食，快乐一场旅行，开心一件小事，惊讶一个礼物，欢喜一个意外……

幸福，有很多同义词。

牵手，决定与他共度余生。

今天的你将要嫁给他，你心微微颤，你不知道自己是否已经做好胜任另一种角色的准备，你可以，只是你不知道，今天，我要与你相遇，就是为了告诉你。

你所经历的，我与你同在，只是悄然不语，因为你可以成为更好的自己，用更好的自己面对你的将来。

你不知道你有多勇敢，次次重重跌倒次次慢慢爬起，不畏惧，不后退。

我如同放幻灯片一般播放着你的过去，从稚嫩到成熟，变得不只是那张脸，更多的是那颗心。

那些你曾认为过不去的坎儿，你都过去了，我在你内心用力鼓掌。

我从你的灵魂深处跑来与你相遇，在你的背后推一把，只是为了告知你，未来，没必要畏惧，没有比你更好的范例。

那些已然的经历，你都不曾犹豫、不曾畏惧，不要害怕未知，世间一切皆是未知，如果错了，不要怕，上帝会给你回头的机会。

没有比现在更好的你，那些经历的伤痛只是为了成就现在最美的你，用现在最美的你去迎接属于你的未来。

准备好，接受未来，就如同我已经准备好，与你相遇。

梦想不贫穷的孩子，
会被世界温柔以待

我从来不会觉得自己不幸，因为比我不幸的人太多，我没有资格抱怨。

家庭平平，不至于吃不饱饭，不至于没书可读，不至于无衣可穿。

相貌平平，不至于吓走一头牛，不至于找不到男朋友。

我不抱怨，也不会对世界充满感激，因为我太平凡了，平凡的人只是追逐生活，追逐现实，关于精神层面，太矫情。

当我意识到自己是命运的宠儿时，我才意识到自己竟被世界如此温柔以待，而每一个人都是上帝的宠儿。

支教，曾是我的梦想，放在我辞职后。

一个人的支教，没有太多人理解，连当地的校长也不理解，当我出示了各种的证件，抵押各种有价值的东西，校长才勉强让我留在此地为孩子做些什么。

其实我也没做什么，不过是上课，走访幼龄孩子的家庭。

我选择一户离学校不远的家中住下，条件艰苦也没达到无法忍受的地步，主要是因为我们这一代都是从面朝大地背朝天的年代过来的，但有些许不适应，毕竟那个年代已然过去。

我能预知这些孩子走多少山路崎岖如此，书包中一定放着一件家用电器——手电筒，我感伤的不是生活遭遇，而是时隔一个年代放在眼前多少有些唏嘘。

课堂上，我跟他们谈梦想，因为有梦想的人才会为了梦想走出一条康庄大道。

他们复制老师口中曾经说过的话，那一定不是他们的，因为每一个的梦想不一定是老师、医生、科学家这等高尚，梦想也有简单到只为了一个人，比如作家，吐露一个人的心声给世界听，并未想过改变世界。

你们真正的梦想？

这是我布置的作业，第二天，第三天，以及若干天后，他们给出的答案如第一天，我放弃了。

我是多么庆幸，相同的环境却出来这样一个我，虽时隔若干年。

曾经的我也是赤着脚赶往土坯堆砌的教室；曾经的我也是提着油灯笼走在巴掌宽的田埂上；曾经的我也是三五个同学共享一本教材；曾经的我也是从那贫穷的山沟里走出来的，但我从来不知道人一生只能有三个梦想。

临走的前一天，我走访幼龄小朋友家中，她告诉我她的梦想是跳舞。

我说好好跳。

这个孩子是我后来一直资助的一个孩子。

贫穷不可怕，可怕的是没有梦想，因为有梦想的孩子，才会被世界温柔以待。

我无法预知一个孩子的未来，但我可以预知一个孩子的现在，当她翩翩起舞于她的恰恰，我肯定了她的努力。

这里没有舞蹈老师，她所学的不过源于那个可以看见外面世界的电视，她模仿，试图去超越。

我给她寄了 DVD 和光碟，她用最原始的方式向我致谢——信，这快节奏的世界，有那么一个世界缓缓前行，不急不躁。

待儿子出生后，我牵着他的小手笨拙前行，他跌跌撞撞，哭声或缓或急，他在叫醒他的世界，向世界宣誓，不辜负，不畏惧。

他们都还小，我不想将自己的固有思维强加于他们，所以我没有回信鼓励她，让她相信黑暗的尽头就是光明，因为她还不懂什么是黑暗，她要做的就是做自己想要的，任由世界温柔以待。

我要回的便是：喜欢，就继续。

遍体鳞伤，
也可以活得漂亮

夜半，走在回家的路上，风簌簌，几片落叶滑下，干枯的树叶被碾碎，不是车子，回头一看又无人，我将外套领子竖得更高，然后加快步伐，隐约中，后面也加快了步伐。我努力走到灯火处，这样便于我蓦然回首看清对方的样子。

再次回头，不见人影，只见狗影，我这才意识到我手上拎的绝味鸭脖。我蹲下，分它一半，它吃得津津有味，貌似有点辣，它上蹿下跳之后接着吃，如此反复，我一边乐坏了，将杯中的水倒给它喝。

我意识到它全身泛臭，刻意躲远了一些，流浪狗身上容易滋生细菌。

喂完狗，我回到小区，按开电梯，此时有什么从我腿边越过，往电梯里一看，是刚刚喂过的泰迪狗，我注意到它的腿受伤了，确切地说，是一条腿断了，还有腐臭味儿。

狗不弃主，定是主人见泰迪狗不完美了，便把它丢弃在路旁。

我见狗可怜，便收留了它一晚，并给它洗澡包扎伤口，我以为它会疼得咬我，所以将它用绳索绑住，没想到它一动不动，关于疼痛它一定竭力忍着。

第二天，我带它去宠物医院接受治疗，它先是恐惧，然后见我在身侧，就默默老实了。

它"嗷嗷"几声，诉说着它的痛苦。

它是母的，我给它取名小妞。

我相信小妞在受伤之前也是集万千宠爱于一身，它的毛色极佳，所以我能想象它之前的任性，但受伤后，遭受饥寒交迫和遗弃，它褪去了

"公主病"，它听话，也不挑食，来回都有固定的时间。

它的腿伤好了之后，经过一个冬天的修生养息，来年的精神好了不少，它不太爱照镜子，见到镜子里的三条腿，它会愤怒敲打，也因为如此，家里的镜子都被破坏然后处理了。

春日的暖阳让四处狗狗都懒在草坪上享受太阳，交流促进了情愫的滋生，这是情愫滋生的季节。小姐左右环视，先是踌躇不前，自卑充斥着它的心，踌躇几次，当它克服自己的心理障碍，走上前去，却被嫌弃丢置一边。

我走过去抚顺它的毛，安慰它受伤的心。

后来，多次路过那个拐角处时，我知道它爱慕那只黑色泰迪，但那只黑色泰迪歧视它的残疾。小姐为此常常找可以反光的地方"欣赏"它的三只腿，接着窝在床下郁闷不出，半个月足足瘦了一斤，我的多次鼓励也不见成效。

数天之后，小姐突然想开了，出来狠狠吃饱，然后独自出门玩儿去了，见到那只黑色泰迪，高傲走过。

它去找流浪狗玩，流浪狗不会嫌弃它，只是它不喜欢，所以一直没领回一个伴儿。

自此以后，它总是每天欢愉，对于歧视它的，它也傲视，对于喜欢它的，它摇尾示好，活得不卑不亢。

每当我出门对着镜子整理着装时，它也在我鞋跟前打量着自己，整理凌乱的毛发，用舌头舔舔前爪，然后整理毛发。

即便遍体鳞伤，也要活得漂亮。

出门后，它在我身前身后活蹦乱跳，这样的画面总能引来特别的眼光，但无所谓，它不在乎，我更不在乎，只要开心，遍体鳞伤又如何？

花开一半，
不失清雅，不入红尘

花开一半，不失清雅，不入红尘。

坐在秋千上任由你来回晃荡，我竟舍不得老去，老了，你就摇不动了。

好友瑶与我年纪相仿，在婚后不久便来电问起婚后的生活，她的口气充满了好奇。对于婚姻，她曾和我一样茫然彷徨过。

相对于婚姻，她曾经更向往一个人的自由自在，她是全职作家，小有名气，在这里她找到了人生目标和人生价值，所以相对于她的喜好，她觉得男人并不重要。

她总是对两人的腻歪表示不屑，婚前，我们两个人不睦，婚后，我抛弃了她，任由她不屑我。

此刻，她来电询问相对于一个人和两个人有什么不同。

瑶在大学谈过恋爱，只是被伤过之后便忘怀了，之后一直一个人，不敢踏入两个人的世界，因为怕受伤。我鼓励她试着去谈一场恋爱，敞开心扉，犹如初恋般。她说她的心扉打开得太慢，男人会跑掉的。

"跑掉了，就不是你的菜。"

一周后，跟瑶吃自助，她气得先喝下三杯，然后往肚子里狂塞东西，借着酒劲儿骂了跟她相亲的男人："什么东西，竟然嫌我老，我哪里老了，哪里老了？"

"身份证。"我的口气有些玩笑。

瑶跟我一样在步入剩女行列后跺脚难过。

"你居然嘲笑我，喝酒，不连喝三杯，我绝不原谅你。"瑶气得再喝一杯。

"孕妇，远离酒精。"

瑶如同看到外星人一般，从她的座位起身坐到我的旁边，摸着我的肚子，就如同摸着奇迹一般，"侄儿，叫阿姨。"

"你真够扯的，他还没你指甲盖那么大，叫'阿姨'？"

瑶一脸不开心坐在自己的位置上："都成阿姨了，还没把自己嫁掉，你倒好，说好咱俩过一辈子，真是便宜了乔。"

瑶绝对有成为怨妇的潜质。

此刻有人，约。

有人自我介绍："小姐，你好，我是于然，能喝一杯吗？"

我退场。于然是乔的同事，以这种方式出场了，只是为了让她相信缘分天注定，相信爱情。

当我离开，和乔透过玻璃看着瑶和于然相谈甚欢，颇感安慰，于是手牵手压马路回家。

好久不见瑶，也好久没接到她的来电，没有消息就是好消息，说明她和于然相处融洽。

再次见到瑶的时候，她说她最近考了一个证，拿出来一看——结婚证，她和于然结婚了。在大摆盛宴时，她三杯下肚："我先为自己干杯，为在人海茫茫遇到于然干杯，还有在场的未婚女性，我要告诉你们，女人三十一枝花，花开一半，不失清雅，不入红尘，还有，我要感谢于然，在最美的年纪，被你温柔疼惜。"

掌声一片。

果然是作家，一句话都够煽情。

瑶把酒言欢，为自己。她总能选择让自己过得舒适的一切方式活着，于然在一旁看着，就如同看着一朵花任由她肆意开放，他要做的就是欣赏她的美。

婚后怀孕，瑶写了本《爱情蜜语》，有图为证，里面有关于她和于然的爱情印记，她小心收藏着那些我们随处抛掷的东西，比如电影券、餐券、旅游券……每一张都在，她将这些放在时间轴上，每一次翻阅，每一次惊喜。

岁月依旧驰骋，但岁月不再可怕。

任岁月挥洒，她都温柔对待点点滴滴，生活给她的点滴温柔，她都点点滴滴地温柔回馈。

一餐饭
就是一个人的情话

乔是 IT 男，他用程序写着世界，加班加到夜深，莫名倒下，莫名惊醒。

跟一个 IT 男谈恋爱，等于告别甜言蜜语，女人是听觉动物，用心听着世界，用心记住世界的声音。

我忘记因为什么跟乔吵架，但我怒发冲冠地关了机，然后扔掉键盘，摔门而出。

我想这扇门，我再也不会进了。

流落街头，我看着女子挽着男子在我眼前晃来晃去，我莫名发火，他们没有错，错的是我用愤怒的眼神还要死死盯着。

走得匆忙，身无分文。

给好友打电话，坐在她家沙发上，看着她与老公的挑眉弄眼，说着类似"你是风儿我是沙儿"的话，我才发现我的耳旁不曾响起过。

在好友这儿待了几天，也没听到乔传来任何讯息。

我浏览着网页，肆意购买一些看似好看却没有用处的东西，买回来看过之后就放在一边呼呼大睡。

编辑疯狂发着最后通牒，我却躺在床上只想呼呼大睡。睡醒后，我看着文字发呆，没有一丝的灵感。

"出去吃大排档喝啤酒，PS（注）：不准带你老公。"我用命令的口吻给还在上班的好友打电话。

没有他们在，我和好友刚好可以肆意点着我们的"变态辣"。我和好友是四川本地人，香辣是我们的最爱，她老公和乔是北方人，口味清淡，每次出门都得两种口味，如同泾渭分明一般。

好友目瞪口呆看着我一口气吃下五十个烤串和喝下五瓶啤酒。

等我醒来的时候，乔坐在床边死盯着我，我环视左右，原来我在家。乔起身端来刚做好的粥——皮蛋瘦肉、用了两个小时精心熬出来的，因为之前我时常埋怨他浪费两个小时去做一份粥，等得焦急。

我倔强偏过头，不肯吃。

"再不吃，我就把你酒后吐真言的视频发到网上去了。"

卑鄙，我一口咽下，把舌头烫了，碗摔落在地，他奚落："就这点生存本事，还往外跑，也不知道你这几天怎么活下来的。"

"要你管！？"我倔强回道。

中午，乔做了一桌饭菜，不香不辣，味道却没话说，我姗姗不肯坐下，他把我拖到桌子边，盛饭夹菜，"行了，别闹了，吃饱饭再发脾气。"

吃饱了还能再发脾气？吃人家嘴短。

乔定了两张电影票，看完电影去吃火锅，他特意强调红锅锅底变态辣。

"老板，不要红锅，鸳鸯锅。"也不怕肠胃辣坏了，我用蔑视的眼神看他，他一副感激不尽的样子。

火锅上的宽粉、土豆、冻豆腐……都是他点的，牛肉、掌中宝、凤尾……我点的。我爱吃宽粉、土豆、冻豆腐……他爱吃牛肉、掌中宝、凤尾……

看在电影和火锅的份儿上，暂且原谅你了。

乔依旧呆木写着代码，无聊的世界依旧无聊，我枯燥写着文字，他在东屋，我在西屋，吃饭时间，他做饭，我端盘子，盘子里的味道依旧没变，依旧是我喜欢的味道。

偶尔做一顿牛排，晃动着杯中的红酒，到应该说点什么的时候，他一口咽下，一口将牛排吃了半拉，情趣，一点都没有。

生活依旧在继续，无聊依旧在持续，耳旁依旧没有好听的话，用乔的话诠释——"好听的话能拿来当饭吃呀"，生气又好笑，不能用耳朵听最好听的话，只能用味蕾来感受美食，美食会散发一种味道，叫作幸福。

去见你的全世界

清晨，闲适走在车水马龙中，找一间还算清幽的咖啡馆，咖啡馆里轻柔的音乐和窗外的脚步很不合拍。

这是一个城市的欣欣向荣，也是一个人的努力拼搏。

我环视左右，随便找了一个靠窗的位置，突然一个女孩儿在窗外向我做着鬼脸，接着就进来坐在我的对面。

我问她："你怎么不上学？"

她问我："你为什么不上班？"

我无法向她解释一种叫作家庭主妇的职业，转转眼珠："今天，我给自己放假。"

她学着我的样子："今天，我也给自己放假。"

她所谓的放假，就是逃课。

我给她点了杯牛奶，她圆圆的眼珠从未离开我的身上，待她喝完牛奶，我撒谎："我放完假要去上班了，你也去上学吧！"

女孩儿摇摇头，她说她在等人不多时，去见一个人。

当我问她是什么样的人。

她跟我摆了一个"嘘"姿势，似乎说破那么人就会消散。我上下打量了一下她，应该上小学六年级，着装上表明她的家境并不算太差，我担心网络的发达会让她去见一个素未谋面的人，也担心因此会给她造成伤害。

"我能跟你一起去吗？"我问道。她犹豫了一会儿，但最后还是微笑点了点头。

她看着她的自制地图，标着我看不懂的符号，像个小大人儿一般问着已不太拥挤的路人，她还小，不懂买票，所以她总是横冲直撞，跟在她身后我总是显得匆匆忙忙，买票的同时也不能让自己的眼神偏离了她。

她似乎很赶时间，无数次催促我。

几经周折，我们总算不必再转车，但她的表情似乎不太对，我们又折返了回去，重新来过。

我们虽然找到了目的地，但似乎错过了时间。

出于歉意，我请她吃饭，在吃饭的时候，我小心征求她的意见："吃完饭，我们回去上学了，好不好？"

她摇摇头，她说等等，等等就会等到那个人。

我问及她班主任的电话，然后告诉她的班主任："老师，您好，桃子今天不能去上课了，因为……因为感冒了。"

"你是？"

"我是……我是桃子的保姆。"

"哦，是这样啊，她父母忙，你多费心思了。"

忙？

我来不及多思，只是"嗯"一声应答。

我想她找的人应该是她妈妈或是爸爸，这栋楼是写字楼。

我用网络搜索了附近的游乐园，并再三保证一定会让她见上那个人，可她对游乐园并没有太多兴趣，只是目不转睛看着电梯里进出的人。

12 点，电梯里的人纷纷走出，桃子似乎见到熟悉的人，但又不敢过去，只是躲在桌子底下，我大声叫着桃子的名字，一个人环视左右，那个人应该是她的妈妈，我走过去说："你女儿来了。"

她先是不相信我的话，但顺着我眼神的方向看去，果真看到桃子，她走了过去，责备中饱含歉意。

"给自己好好放个假，陪陪孩子。"临走前我对桃子的妈妈说。

在独自回来的路上，地铁依旧拥挤，人群中依旧有人迷茫，车来车往中依旧有车不知道驶向何地，世界似乎永远拥挤，但也不至于太拥挤，就如地球离了谁都在转动，而"谁"对于某些人来说，就是全世界，他们等着你爱你见你想念。

　　趁世界不太拥挤，去爱去见去想念。

第十辑　生离死别，聚散回首，
那就是人生啊

所谓父母子女一场，只不过意味着，

你和他的缘分就是今生今世不断地目送他的背影
渐行渐远。

你站在小路的这一端，看着他逐渐消失在小路转
弯的地方，

而且，他用背影默默告诉你，不必追。

——《目送》

他们是
回不去的时光

小溪是我见过将母爱和父爱诠释得最别致的一个姑娘。

大学，我们忙于恋爱、K 歌、涮火锅，也许，我们真的很忙。

那会儿，三天一个电话都堪称孝顺，但小溪一天三个，我们感觉她特别异类，于是有朋友问她她妈妈都说了些什么，小溪掰着手指说："吃饭了吗？喝水了吗？在哪里呀？老三样。"

朋友："三个电话，全是这样，你不觉得烦吗？"

小溪笑了："烦什么呀，吃了，喝了，在学校，有什么可烦的。"

当时，我并不太理解这种思维，因为我们还处于放荡不羁的年纪，时刻都想活得策马奔腾、潇潇洒洒。

朋友潇潇是最不耐烦于这些情感纠结的，听其他室友说她与父母感情不和，尤其是她的父亲，见面总是三分吵，七分冷淡。

一开始我还不信，在我的观念里，父母关系再不好，也不过是拌拌嘴便过去了，父子之间哪有什么仇可言。

后来，我信了。我目睹了潇潇与她的父亲争执，骂着骂着就打了起来，打完就散了。潇潇在医务室时，我和小溪去看了她。

小溪很小心翼翼地问了一句："跟爸爸吵架是什么感觉？"

潇潇以为小溪挖苦她，便没了好气："你是在嘲笑我吗，谁不知道你是有个好妈好爸的，给我滚出去。"

小溪拽着衣角："我爸在我两岁的时候就去世了。你能告诉我跟爸爸吵架是什么感觉吗？你能告诉我小时候放学奔向那个男人是什么感觉吗？更或者你能告诉我叫'爸爸'的时候是什么感觉吗？"

小溪泣不成声，我们都泪流满面。

关于那三个电话的铃声似乎不是在提醒小溪该接电话了，而是在提醒我们该想想电话线另一头的人了。

工作之后，为了生活，我们真的陷入了忙碌，接个电话或急或哭。

当我们告别无忧无虑承担起生活的压力时，才初觉父母的不易，才开始咀嚼那些曾经听得耳朵都起茧子的话，嚼着嚼着就哭了。

有一天你成长了、成熟了，可那一天却残忍地拉开了你与父母的距离，因为你与他们挥手，将步入下一个全新的生活，在这样的生活里，他们不再如从前唠唠叨叨，只是在远处默默地看着你，祈求上天让你枕边那个人对你好。

婚后的日子，他们总是小心翼翼跟你说着话，这种小心翼翼充满了客气，不知不觉你们口中聊得最多的便是天气，天热了不要中暑，天凉了多穿件衣服，在这样的对话中，关于曾经，似乎有些怀念了。

在那些曾经的时光里，你或许只有 5 岁，不知天高地厚，与人打了架，回来挨了打；在那些曾经的时光里，你或许只有 10 岁，成绩不太理想，害怕把卷子拿回家；在那些曾经的时光里，你或许 18 岁，挑灯夜读为了高考，桌子上从来不缺一杯热牛奶；在那些曾经的时光里，你或许 25 岁，挑得如意郎君忙婚礼，有人在角落轻声哭泣……

有人说，最美好的时光是回不去的时光。这句话放在年少轻狂的日子不管是听还是说都觉得那么酸，酸得矫情，可此时此刻听起来说出来依旧酸，但酸得心痛。

朋友就是这样
越来越少的

电话铃声响起，看看电话，无关紧要，待手机铃声自然落下。

匆匆忙忙找个车位停下，匆匆忙忙赶到办公室，匆匆忙忙整理开会的资料，匆匆忙忙……

初中同学聚会，没时间；高中同学聚会，没时间；大学同学聚会，没时间；大学寝室聚会，没时间……

好忙。

可再不联系，我们都成陌生人了。

人生得意暗自欢喜，懒得给谁打电话，人生失意却不知道给哪个人打电话。指尖划过几百个号的通讯录，却不知道给谁打，太久不联系，打个电话，似乎太矫情。

一花一世界，手机里的花花世界却渐欲迷了人眼，浏览各种网页、玩着各种游戏，却让一个温馨的电话只剩下"嘟嘟"声。

心寒。

狼烟知暖意，飞鸽递万情。

舟车劳顿、颠沛流离，千山万水、翻山越岭，两颗心很近，尽管世界很大。

如今，世界很小，两颗心却远了。

互联网改变世界。

地铁、机场、厕所……所有的等待、所有的消磨都充斥着手机，手机却没有充斥着电话，是我们真的太忙了吗？

最后一个电话，悲哀。

你忙，他也忙。

"电话，打一次没有接，就不要再打第二次；短信，发两次没有回，就不要再发第三次。没有这么卑微的等待，如果你重要，迟早会回来的。没必要为不懂得珍惜你的人伤心，如果一个人开始怠慢你，请选择离开。保持一份自信，保住一份尊严，宁可高傲到发霉，也不要死缠到发疯。"

你懂，他也懂。

所以，一个电话就可以让两个人形同陌路。

尊严，谁都有。

同学聚会。

"毕业 5 年后，我们成婚的一桌，未婚的一桌；10 年后，有孩子的一桌，还没孩子的一桌；20 年后，原配的一桌，二婚的一桌；25 年后，酒量好的一桌，差的一桌；30 年后，国内的一桌，国外的一桌；35 年后，荤的一桌，素的一桌；40 年后，退休的一桌，没退的一桌；45 年后，有牙的一桌，没牙的一桌；50 年后，自己来的一桌，扶着来的一桌；55 年后，说要来也来的一桌，说来却没来的空一桌；60 年后，能来的一桌，不能来的照片一桌。人生真的很短暂。"

心痛的温馨，心痛的是岁月匆匆，温馨的是不管过多少年，他们依旧在聚着，聚着不为其他，只为了告知曾经的情谊还在，尽管餐桌上那些老梗不变，但说出来依旧捧怀大笑，笑过之后一片唏嘘，那些回不去的时光，再不回忆就没人记得了。

短暂的人生，我们却为名利追逐着，追着追着也老了，等真正闲下来，却找不到说话的人。

30 岁的生活却过着 75 岁的日子——"说要来也来的一桌，说着却没来的空一桌。"

笑话。

甲："好久不见，你女朋友小丽怎么样了？"

乙："她早就不是我女朋友了……"

甲："你们早就应该分了，听说小丽在大学的时候脚踏几只船，不是啥好东西。"

乙一巴掌打到甲脸上："她现在是我老婆。"

尴尬。

好久不见，真的太久不见——熟悉的陌生人。

再见面，肩膀各自一锤，熟悉的味道却不复从前，慢慢手一放，相互一握，因为太久不联系，熟悉的味道却无法对那个熟悉的陌生人了。

路再远，
也有回程的意义

十年，十次，一年，一次。

不知道从什么时候开始，我也变得矫情了；不知道从什么时候开始，我开始怀念一种味道。

过年。

收拾着大小的行李，清点着身份证、驾驶证、机票、火车票……赶往回家的路上，孩子在我怀里，他还不懂事呢。

心急如焚，还不至于形容我当时的心情。

堵车，让我的心情很不好，至少给兴高采烈的心情泼了一瓢凉水。

三个小时，机场终于到了。

放在平时，我家到机场不过半个小时，可是今天，连高速公路都堵了。

坐上飞机的心情，倍儿爽。

"各位乘客，大家好，播报一条紧急通知，由于寒流来袭，飞机被迫返航，给您造成不便……"

飞机上的乘客一个心情——愤怒，尽管这跟机长和空姐无关。

坐在机场，我几近绝望，抱着孩子挤长途火车，似乎不太现实。

开车回家，1400 公里，两天一宿。

回家，一年一次就好。

这是父母想的。

五十大寿，父母告诉我的时候，我"呵呵"一笑，这算是什么期许？

一年一次，算算，十年十次，就算他们长命百岁，我与他们见面的次数也不过五十次。

1400 公里，两天一宿而已！

最近，我朋友的父亲过世，那是她见父亲的最后一面，而父亲没见到她的最后一面，这一面，成为了她人生无法弥补的遗憾。

其实，对于任何人来说，都或是意外或是明天，谁也无法预料人与人之间最后一面将见于何时何地，生死面前，一切都不足为谈。

车上。

窗外飘起了雨，路况很不好，咫尺之间也难以判断。

儿子睡得正香，无忧无虑。

与老公的轮流交替，累坏了我们俩。

500、300、100、80……

二分之一、三分之一、四分之一、十分之一……

心急如焚，正是此刻的心情。

终于到了。

倒计数支撑着我们回家的信念，感谢这信念，我们见到了盼望已久的亲人。

"我们都好，你们在外面注意身体。"

"别往家里寄东西，家里啥也不缺。"

"你们爱吃干笋子，今年我晒了不少，给你们寄点过去。"

……

谁好？谁也不好。人都说，老来一身病，即便一身病袭来，电话那头永远都说着还好，于是，我们都信了。

家里真的什么都不缺，桌上摆满了鸡鸭鱼肉，或许，只是过年不缺。

是多少？为何家里一点都没看到。

……

年假七天，一半时间都在路上，三天，真不想合眼，只是为了能多看你一眼，多看一眼是一眼，三天的费尽心思、殚精竭虑，只为了让你多吃上一口，吃一口年幼时家的味道。

儿子笑了，婆婆哭了，老公唏嘘感叹。

离别，或许只是挥挥手，只是一个笑容，但笑容后满是泪水。

尽管科技发达，互联网落入家家户户，视频屡见不鲜。

视频，真心不错。

我原是这么想的，可当一个生硬的机器里浮现一个熟悉的身影时，不由自主伸手一触——冰凉。

指尖的冰凉无法让思念的心变暖，连声音都随着互联网的传播变了味儿。

"找点空闲，找点时间，领着孩子，常回家看看；带上笑容，带上祝愿，陪同爱人，常回家看看。妈妈准备了一些唠叨，爸爸张罗了一桌好饭，生活的烦恼跟妈妈说说，工作的事情向爸爸谈谈。常回家看看，回家看看，哪怕给妈妈刷刷筷子洗洗碗，老人不图儿女为家做多大贡献，一辈子不容易就图个团团圆圆；常回家看看，回家看看，哪怕给爸爸捶捶后背揉揉肩，老人不图儿女为家做多大贡献，一辈子总操心就问个平平安安。"

又一年，回家看看。

陪伴
是最好的告白

"渴望的背影是寒冷的无助，伸出去的手握不住温度，藏了好多话无言对你倾诉，攒了许多爱被时间凝固……烟火等待着黑夜，风筝依偎着线，爱到最美是陪伴。"

一曲《爱到最美是陪伴》凄凉哀怨，无陪伴的爱也充满了凄凉哀怨。

快节奏的生活需要我们奋力奔跑，可奔跑的目的地，谁也不知道，我们清晰地知道奔跑的目的——为了更好地生活，可为了更好地生活，奔跑的力度我们却从来没测量过。

过年回家。

刚收拾完行李，准备回家的时候，公司来电业务上出了问题，紧急加班。

这个项目是我负责的，一旦出现问题，这个年假基本休完了，一番痛骂后，我无奈拿起电话给家里拨去。

我如实说了现状，妈妈很通情达理："回不来就算了。"

妈妈是想念家人的，恨不得任何一个假日都不放过，她会为每一次相逢而喜极而泣，也会为每一次离别落泪伤感。

因为不忍，所以从来不敢直视。

公司的忙碌让我多少褪去了几许戚戚，因为问题显得很糟糕。

该死的，公司上下就我一个人，而且公司食堂、外面餐馆都闭了门，都回去过年了吧，我眼中泛起泪光。

穿过几条街，又穿回来，路上我把衣领往上竖了竖，因为感觉很冷。

忙碌，接着忙碌。

筋疲力尽，好累。

骑着自行车，穿过纵横十条马路，泥沙车加尾气让我的胃酸翻滚，不巧，下雨了，能再倒霉一点吗？

在商厦下躲雨，只有肯德基还开着门，进去喝了一杯热咖啡。

雨什么时候停？

电话突然响起，妈妈来了。

1400 多公里，她不识字，她是怎么来的？

我淋着雨，骑着车往回赶，泪水滑下。

到家的时候，妈妈站在门外，身上湿透了，丝丝白发愈加明显了。

"妈，你怎么来了？"

"俺想你，就来了。"

"我不是给你买平板了吗？你一点，就能看了。"

"那个不亲，不赶见面来得亲。"

"这么远，你怎么来的？"

"坐车，坐车来的。"

坐车，回家我要转七八趟车，她，一定不止。

"本来昨天就到了，识字就好了。"妈妈说。

我鼻子一酸，赶紧打开门，妈妈看着光洁如镜的地砖，再看看大包小包上沾满的泥土，犹豫了。

我拎着大包小包放在茶几上。

"这是你爱吃的蜜枣，俺多拿了一些，腊肠你去年吃得不多，俺就少拿了些，煎饼你说俺烙得好吃，俺就自己烙，三四百张应该够吃上一阵子了，你忙来不及做饭的时候就吃点这……你说，这火车为啥不让拿活鸡，俺想着鸡得现杀的好吃，不让拿，俺去买了把刀杀了，把鸡藏在衣服兜子里，衣服弄脏了，俺得洗洗，厕所在哪儿？"

"在那儿。"

听着水肆意放的声音，我的泪水也肆意往外喷。

我正准备做饭的时候，厕所传来声音："那鸡你别动，你做不好，你去歇着，俺将衣服泡上了就来弄。"

三天，您已经三天没睡个安稳觉了，也或许，您已经三天没合过眼了。

两个小时的折腾，一碗饭，四五个菜，这些菜都是妈妈从家里带来的，她说家里的好吃，鸡汤的热腾腾蒸汽模糊了我的眼镜，却清亮了我的心。

妈妈在这里只待了一天，匆匆忙忙回了家，说是这里她待不习惯，怪冷清的。

这一面，经历了千山万水，108 个小时，只为了那分分秒秒的陪伴。

爱，有很多诠释，但爱到最美的是陪伴。

如果累了，
就关机睡觉

一部手机，若干个故事。

大学，曾暗恋一个男生，暗里抄来电话，偷偷藏在手机里，眼睛一睁开，就盯着手机屏幕，生怕错过任何一个男生打来电话或是发来短信的痕迹。

手机一握就是一个学期。

一次偶然的机会，手指在屏幕上滑过，电话打了过去，听着从手机里传出的声响，我心跳加速拿起电话，对面传来温柔的声音，心立刻融化了。

原来一个电话，也不是什么难事，心情瞬间明朗了。

自从那个"错误"的开始，我便觉得打电话是一件很容易的事。于是开心也好、失落也罢，电话很随意打了过去，每当听到那个温柔的声音，便忘却了因何事而开心、因何事而失落，只觉得心甜如蜂蜜。

这种"甜蜜"持续到我听到电话那头传来一个女孩儿的声音，她慌张解释她是他的女朋友，这样的"解释"真好。

我"嗯""哦"应付了所有的对话，不知不觉。

电话挂断后，手机便不再拿起，因为没有意义。

毕业后，我从事广告策划，随时随地如待命般等着各种电话，面对每个陌生的电话，都要保持最好的态度，甚至最好的笑容。

我常遇到客户半夜要求改广告内容，因为拍摄的不限时不限地，导致了我的手机必须 24 小时开机。

这是公司规定。

我深知这种规定的合理性，但时日一长，并不是每个人都能达到心甘情愿。

周末走在玩耍的路上，听到与我手机相同的铃声，我的警觉如同即将赶赴战场的战士。后来我改了手机铃声，铃声是我自己的声音，不管我多么刻意让自己的声音充满活力，都能听出里面的疲惫和无奈。

幸好，只有我自己能听出来。

在与乔谈恋爱，关于短信来短信去的环节，我总是充满了疲惫。或是一个电话，或是任由手机搁置不理，但不敢关机，因为不敢错过任何输入的信息，比如一场意外天各一方永别。

结婚后，有了孩子，手机就更显重要，几代人往这个手机输入各种信息，我被动处理着各种信息里的各种事。每隔几分钟一个电话，或家里或公司，碌碌无为又一天，周末也不放过。

疲惫不堪。

多年的累积终有一刻爆发，源于客户的一次"无理取闹"，夜半时分，一连几个电话，我穿衣出门，车开到半路，因为视线的迷糊撞到路旁的一棵树，我打电话努力解释着所发生的一切，而对方只要求某时某刻必须赶到拍摄现场。

半夜，路上连人影都没有，我到哪里去打车，改变不了的事实，我只能等待，困意来袭，我上车侧脸倒下，突然手机铃声响起，我看着那半生不熟的电话，挂断，然后关机，最后酣然大睡。

回家后，乔劝我辞掉工作，我真辞了，辞职前我给自己放了个假，关机与世界绝缘，疲惫耗尽了我的所有耐性。

对不起，我今晚的关机，不过是让自己得到一个安稳的觉，一个觉，我想我的要求并不过分，任何一个人都有疲惫休息的机会。

辞职时，公司再三挽留，毕竟保持七年随时待命的员工并不多，正因为保持了七年，所以我累了，我需要好好休息一下。

离职后，我的手机终于在晚上清净了，我改了手机铃声，如同一般大众的，我不再听到相似的铃声而提高警觉。

感觉累了就放空自己，感觉疲惫就关掉手机。

对不起，今晚我关机。

他们记得，
我们别忘

有一种人，任由你霸道、无理取闹一生；有一种人，任由你摆布、任性妄为一生；有一种人，任由你折腾、不计成本一生……

有一种人，不管做什么，都是默默无闻。

生养耗尽了他们毕生心血，毕生让他们成为了再也找不到回程车的旅人，旅人，从你的生命经过，却不着痕迹，他们记得，你却无感。

他们曾是你眼中无所不能的超人，于是你让他们为你做一切，给你当驴做马，只为博你一笑，你还小，你不懂，但很多年后，当你为人父母时，你一定会懂，这种卑微，只有他们能做到。

你长大了，你渐渐发现他们并不完全对，但为了给你一个对的答案，他们尽力了，他们在惶恐中渐渐失去了在你心中那个伟岸的形象。

你开始有了自己的思想，开始有了自己的想法，他们或多或少干涉，他们把这定义为爱，你用叛逆打碎了这种爱，碎了，你听不到，他们清楚，只是只字不提，因为他们认为你还小，你所做的一切，都是应该被原谅的。

你考学，一定有他们在身侧含蓄温暖，你在为你的未来奔波努力，他们也在，待你金榜题名，他们在角落默默落泪，你在和别人一起庆祝。

你恋爱了，他们害怕你受伤，害怕你心碎，他们在忐忑中将自己连手指都舍不得碰一下的你交给了另一个人，任另一个人伤害，只能眼睁睁地看着，却不能插手。

有些成长，是你必经的痛。

他们看着你痛，虽于心不忍，但无可奈何。

找工作，是你一个人的事，他们却在一侧操碎了心，用上自己的老脸、打破多年的关系，只为为你寻得一份不错的工作，而你却为了自己的追求和理想颠沛在外。

他们不说，心里默默地祝愿，你长大了，注定要远飞了，他们明白了什么是空巢老人，麻将桌上，一边不住赞你，一边牵肠挂肚，脸上笑，心里酸。

工作太忙，你没有几个时候回来，一回来，他们准备了能准备的一切，除了一桌的饭菜，还有他们一辈子的存款，只求你别累着自己、苦着自己。

你泪落两行离开，他们梦你几宿。

什么时候，一夜白了发？岁月真是爱开玩笑，他们还没看到你婚嫁，却让白发先上了头，他们寻求各种让自己看起来年轻的方式，比如运动。

饭后百步走，活到九十九，重孙一定抱在手。

想想都是幸福的笑容。

你嫁了，嫁得人好不好，能不能给你一辈子的幸福？他们考量着眼前这个人，人老了，眼也花了，也看不清了，他们只能从房车上来计较他给不给得起你未来想要的，你想要的，他们再明白不过了。

富养多年的女儿绝不能嫁作人妻去当保姆。

他们将你的手放到另一个手中，算是完成了你人生的传递，不舍，不舍如割肉，割肉也要让你幸福，你的幸福比什么都重要。

你有了孩子，他们大老远大热天提着几百个鸡蛋远道而来，进城实在太麻烦了，各种车各种坐，还是乡下好，自给自足。

老了，老了，车次是哪班？来回问了十几次，却在买票的时候又忘了，电话，打电话，终于到了。

看着你虚弱却洋溢着的幸福，他们放心了，知道那个人对你好，对你好就足够了。

　　他们洒泪走上归程，你或许不知道从此天涯，他们含笑九泉，没有活到九十九，但也足够了，活多了都是负担。

　　人这一辈子，算算，哪几年是为了自己，父母，不过是再也找不到回程车的旅人，他们有心，你却无意。

那是注定的
曲终人散

雷是我的一个哥们儿，我们一起支教认识的。

支教结束那天，我们举杯言欢，准备各自天涯，就在酒喝到十分不知天南地北时，一个电话打来，犹如晴天霹雳，瞬间清醒，然后我们就开始为他凑钱。

他父亲车祸在医院。

夜半，没有车，我送他到机场，刚买完票，广播提示遇到寒流，飞机将在次日凌晨6点启航。

那一夜，我从来没感觉会这么冷。

机场稀疏几人，寂静中弥漫着忧伤，雷一夜无语，只是情到深处落泪。此刻我没有安慰，最好的安慰就是在想哭的时候尽情哭。我不想剥夺他哭的权利。

我想，那一夜，他从来没有觉得会如此漫长。

他走了，擦干泪离开，他到的时候发来短信，说他父亲去世了，最后一眼，成了他终生的遗憾。

回到家，我悲痛的心情还没有平复，好友的母亲也因为车祸去世。

那段时间，我的心情一直不好，甚至有些畏惧生命，我处处小心谨慎，一天三次打电话问父母是否安好。

一曲悲欢离合我总觉得还在耳边萦绕，不曾散去。

刚生完孩子的好友一度处于懊悔之中，也不曾多看孩子一眼，因为孩子出生那天，她认为是她的一个电话夺走了她母亲的性命，孩子出生时，还来不及欢喜，却哭声四溢。

好友的母亲在赶往医院的途中，遭遇车祸，一车的人都未免于难。至今，我都不敢看那篇报道。

去医院看好友时，她目光呆滞地望向窗外，她在等葬礼，等待葬礼上的号啕大哭。

雷来电，说他处理好父亲的后事，让我们无须挂心。

我向他谈及好友的事，他唏嘘很久，感同身受让他动容，他决定来成都，打开同是沦落人的心结。

相同经历的人有着相同的感受，我听着雷宽慰好友就如同宽慰自己，听着听着周遭的人都哭了，那些似曾相识的记忆总是容易让人动容，那种大手握小手的温暖总是难以让人忘怀。

情绪不好，跟雷喝酒，失去亲人的是他们，但我的情绪也好不到哪里去，因为还拥有，所以害怕失去，雷的乐观我懂，但并不是每个人都能做到，就如同他向好友说的："父母在世，用心对待，父母离世，随风散去，我们躲不掉的就是曲终人散。"

道理我懂，但我依旧奢望能多来几曲。

自从身边同时出现两起车祸后，我更加珍惜触手便能感知的温暖，电话多几个，问候多几声，虽无关痛痒，但能听到电话那头的声音，便觉得心安。

一段时间后，时间治疗了好友内心深处的伤，雷打开了好友内心深处的结，她睡眼惺惺地开始望向太阳，虽没有笑容，但我相信终有一天她能全然释怀，然后重新笑对人生。

自此以后，我特别珍惜那些早上微笑出门、晚上平安归家的平凡日子，也希望那些平凡的日子永不停息，如同好曲再来几首，留住你们陪我再多走几程。

不必伪装
说自己过得很好

你最近好吗？我们都别说谎。

我将这句话匿名放在漂流瓶中传递下去，当我问这句话的时候，是我不好，所以我想问问，你们都好吗？

不要告诉我你们都好，我会觉得世界不公平。

幸好，你们不是这样告诉我的。

A说她在大街上遇到多年前的男朋友，当谈及近况时，彼此都用了"还好"两个字，她说其实她过得并不好，分手后如灵魂出壳，每天如行尸走肉，尽管无数次细数前男友的缺点，从星座等各方面印证着自己并不合适，但回忆她却无法剪断，工作一年，状态极不好，每天最怕的就是夜幕降临。

因为感同身受，所以那种感觉我深有体会，我耐心回复她几个字：过段时间就好了，最好的在后面等你。

对方回复一个笑脸。

B是职场菜鸟，每天都漏洞百出，今天早上开会，开会的材料却不知道放到哪里去了，还没开会就散会了，领导的批评，使她无地自容，紧接着客户打电话问及广告策划案的事，结果把这事忘了，用了两个小时跟客户沟通，上门道歉才把这件事压了下来，每天累到12点才回家，"累觉不爱"了。

原来是同行，我想跟我一样都是有心无脑的萌妹子，我回复道：过段时间就好了，最好的你在后面等你。

C是家庭主妇，也即将成为怨妇，数落着老公的种种：不回家吃饭，加班到深夜，周末人不知道到哪里去了，一起约好的看电影结果电话关机……她觉得日子快过不下去了，也不知道该怎么办。

我现状的真实写照，但当这些事放在别人身上，我突然知道怎么做了，回复道：过段时间就好了，现在的他只是很忙。

面对网络，因为我不知道你们是谁，你们也不知道我是谁，所以我们敢于告诉我们过得其实都不好。

那你们呢？我亲爱的家人朋友。

给爸妈打电话："你们最近好吗？不许说谎。"

爸妈见我语气肯定，便老实交代，最近天气变化大，妈妈的风湿腿总是疼痛难忍，爸爸最近也总健忘，常常走到家门口却找不到回家的路。

给出差在外的乔打电话："你最近好吗？不许说谎。"

乔絮絮叨叨说着公司的产品推广好难，对于不太擅长交际的他确实很难，而且最近感冒流鼻涕难受，广东的菜吃不习惯，只能吃泡面。

给多年不见的朋友打电话："你最近好吗？"

朋友七大姑八大姨都拉进来说个没完，东家长西家短扯东扯西，貌似她的世界有些复杂，但可以简而言之一句话：生活乱透了，家庭纠纷剪不断理还乱。

原来我们都过得不好，但都习惯了说着"我挺好的，你呢？""我也挺好的"，然后匆匆擦肩而过，生活似乎少了一个可以倾诉的伴儿，似乎大家都很忙，忙到舍不下几分耐心去倾听我们周遭的声音，忙到不敢惊扰一个沉睡的人听你倾诉心肠。

所以我们习惯一种生活状态，不管人生处于什么状态，那些酸得矫情、苦得心累的话，我们约定俗成：沉默不语。

可是，最近，我特别想抱怨，特别想告诉你，也想告诉全世界，其实我过得并不好，所以你们得顾及我的心情，就如同你告诉我你过得并不好时，我用心呵护你的心一般。

最近你过得好吗？我们都别说谎。

过一种生活，
简单得刚刚好

一种建筑奇观，如原始生活，将居室放在洞穴里。远离城市喧嚣，远离名利诱惑，男耕女织，自给自足。

有人调查过对夫妇的幸福指数，爆满。

而我们，拥有便利的交通方式，享受社会的良好服务，手握快捷的通讯设备……

我们追逐的幸福如同渐近线，我们孜孜不倦、永不停息。这些追逐渐欲迷了人眼，让我们忽视了身边人的眼神和渴求，他们看着你渐行渐远，却无能为力。

我们习惯往"硬盘"中储存东西，却总是忘却定期清理，于是我们的身心越来越繁重，越来越不知所往，深陷迷茫，却找不到逃出旋涡的手，不是他们不伸手，而是我们沉沦太深，他们的胳膊不够长。

朋友夏夏虚荣心极强，她会戴鸽子蛋大的钻石闪瞎我们的眼睛，她身上的名牌是我们都听说过的牌子，尽管她炫耀，但是我们并不羡慕，只是附和着吹捧。

因为虚荣心，她的能力也极强，是穿着普拉达的魔鬼，公司没有不畏惧她的。

开名车，逛名店，买珠宝，住别墅……你能想到的奢华她都有。

我们理解不了她的世界，她也理解不了我们的世界，她觉得结婚生子就如同天仙下凡沉落人间，那是一种堕落。

对于她的言论，其他辣妈都不爱听，所以她身边的朋友越来越少，我之所以感兴趣，是因为我觉得夏夏是内心深处的自己，如果可以，我也想幻化成魔，但只要一点点就好，比如她永远自信，我就做不到。

自信孤零零一生，我还是比较适合卑微于柴米油盐。

跟夏夏逛街，我听着她的高谈阔论，她人好，也会送几件名贵的衣服，我看着名贵的衣服，黯然伤神："若是过了四十，这些衣服穿不上可惜了。"

夏夏若有所思，我的小心提醒，是为了告诉她浮云散去，便只有孤独终老。

去夏夏家的时候，她的名贵衣服足足放了两个房间，高跟鞋都是名贵的限量版，看着她的珠宝，我觉得她不去当明星真是可惜了。

后来，她真去过了把明星的瘾，饰演路人甲，也因此认识了同样想过把明星瘾的康，二人是天造地设的一对。

夏夏开始褪去金银首饰，如同褪去世间繁华，适当打扮，得体大方就好。

夏夏是朋友当中比较幸运的，至少最后迷途知返，而朋友中已婚女性或是已婚男性因为虚荣和欲望致使家庭破裂的比比皆是。

这让我更加羡慕洞穴里的居室，男耕女织，追求生命最本质的东西，简单收获爱情，用心维持婚姻。

我突然大胆想象没有互联网的世界，社会节奏还能控制在手中，人心还不是太浮躁，社交圈也没有大到没有时间陪枕边人，书信还能承载所有的情感，电话还是座机，高楼大厦还没有上百层，上楼梯不会觉得太累……

虽然是妄想，但我竭力做到上班时间努力高效上班，上班外的时间尽量关机，周末给家人打个电话，发个邮件问候远在天涯的朋友，用心度过每个值得过的节假日，纪念日给自己买一身漂亮的衣服，携手最爱的人逛超市买柴米油盐，下一碗面然后二人共享。

幸福不是最满，但刚刚好，就如同餐桌上的茉莉盆栽，去繁就简，看着舒适，怡然自得。

你好，
我的三十岁

掐指一算，奔三。

我正式告别逝去的青春。

这一天，我的脸上写满了不开心，我开始关注那些青春靓丽的面容，为了挽住自己尚且不算太老的面孔，各种面膜都买来一试，补水、美白、祛斑……

慢慢了解一些名词：鱼尾纹、抬头纹、兔子线、法令纹……护肤品的服务生夸张说着这些"纹"的危害，就如同说着世界将在明天毁灭。

拉了一箱子护肤品回家留住青春。

衣服，柜子里的衣服旧了，拉着乔去逛商场，那件粉色的不错，往身上一穿——装嫩，还是黑色大衣得体大方，果然是年龄的问题，赌气走出店门，五颜六色的衣服如同太阳下的泡泡一般碎了。

尽管忧伤，还得穿着高跟鞋故作优雅，那一刻，我想奔跑，证明我还年轻，但穿着高跟鞋在人群中来回穿梭，一定会被认作精神病院跑出的病人。

生日，30 岁的生日，我希望一辈子都不要过。可是，一进门，乔和儿子捧着蛋糕缓缓走来，"3""0"的蜡烛屹立在蛋糕中间，我不开心，回了房。

对着镜子，我隐约看着有褐斑慢慢爬上我的脸。

乔走过来，安慰道："人都会老的。"

乔真不会说话，我怒吼："哪里老了？我哪里老了？！"

"不老，你不老。"乔投降，"儿子等你吃蛋糕呢，他可忍住一口没吃呢！"

我意识到儿子正看着桌上的蛋糕竭力忍住，我到桌边跟他们分享蛋糕，我吃得一点都不开心，还是小孩儿好，有吃的就是世界最幸福的了。

一夜难眠，我辗转反侧，惊扰了正在熟睡的乔，乔突然想起什么，从床头柜里拿出一条项链，是我最喜欢的那款，我记得当时服务生说这条配我略显老气，我立刻意识到乔是不是嫌我老了。

我不依不饶将他从睡梦中抓醒："你是不是嫌我老了？送我这么一条项链。"

乔很无奈，耐心解释说："这条项链我两年前就定了，是服务生说等你 30 岁送给你，那时配你刚刚好。"

我突然意识到，青春岁月也无法做三十而立的事，比如故作成熟。

记得大学那会儿，第一次穿上高跟鞋，脚首先产生了抵触，走路七倒八歪，腿伸不直，一路上需要人搀扶，高跟鞋被我穿出小丑的感觉；记得刚参加工作，为显成熟，涂很厚的粉底，化很浓的妆，白衬衣加包裙再配高跟鞋，我不知道我当时有多丑，只知道主管跟我说："你原来的样子挺好看的。"

原来的样子？意味着我还没有必要故作成熟，脸上的稚嫩会出卖我的幼稚可笑。

现在，即使过了那样的稚嫩，我们也无须悲怀，因为我们只是过了生命的上一站，开始步入下一站，我们有下一站该有的模样，成熟优雅喝微苦的咖啡，处事不惊，淡然自若，嘴角微微上扬，言谈举止中写着我们特有的气质。

约三两个朋友待在闹市中的静区，不喧哗，不热闹，谈论着我们的家庭。和同龄的女子每日步入健身房、周末做 SPA、逛商场穿气质大衣，我们领略着时尚。小长假带着儿子陪着老公游玩，大胆秀着幸福，不矫情不做作。

过去了又如何，现在的我们依旧很好，美而有韵味。

因为我们失去了青春，所以我们格外懂得珍惜岁月匆匆，珍惜岁月赋予我们的人和事，那是毕生缘分的凝结。

我们懂得人生不过是一场火车旅行，送走一些人，遇到一些人，嫁给一个人，爱着一个人，然后到终点。

原来，失去的青春，不过是生命的一站。

后记

欢愉不惜时光逝，不知不觉在深夜蹉跎完成此书。

我是一个不擅长讲故事的人，我只是真实反映生活中的点滴与你分享，不做作不矫情，愿这平凡的文字与你风雨同舟。

作为一个或许比你年长的女孩子，特别想在你迷茫、难过的时候告诉你：人生的起伏跌宕只是为了告诉我们删繁就简、淡定从容。不计较分道扬镳的人或事，不强求世间百态的完美，不抱怨时运不济、命运多舛。

经过岁月洗礼，你的脸颊在慢慢褪去稚嫩，渐趋于一个知性的女人。走过那些匆匆，终有一天，你会神态自若喝着咖啡看着过往的行人，然后安静读着生活这本书，不急不躁，不缓不急。

你或许在蜕变中如破茧成蝶，脱胎换骨，疼痛难忍，但未来的你一定会感谢曾经的你隐忍挣扎，因为过去了每一秒的你才成就了现在知性的你。

感谢缘分使然，让你在书海茫茫中挑中了这本书，也感谢你的耐心阅读，愿每个小故事都如心灵之灯点亮你的世界。

耐心读完这本书，你或是如品一杯茶，滋润了你的心田，或是如身披一副盔甲，让你勇于面对生活种种。也许你热血沸腾原地复活，也许你泰然自若傲视万物，但我希望你依旧是你，对于那些人生必经的阶段，无须故作成熟悄然跳过，悄然跳过的伤痛未必能成全更好的你。

记住，谁也没有权利剥夺你应经历的，痛苦也好，快乐也罢。那些属于你的回忆，只有你才能深刻领悟其难能可贵，那些壮志凌云，只有你明了于心、千钧一发。我能做的是陪你在这些经历中不卑不亢、不畏不惧。

我也不希望你将这本书紧握手中，时刻警醒自己去做那个知性的女子，故事里的人毕竟不是你，我希望你做的只是在人生迷茫、不知所措的时候拿出来翻阅两页，然后让我在你耳边告诉你你所经历的不只是你在经历，她可以，你也可以，她所做的，你可以借鉴。

愿这本书陪你远行，如同一个无形的伙伴，在你孤寂、不知所措时给你力量。我始终坚信睿智如你，打破世俗，活得精彩。只是在成长过程中，兜兜转转让你渐欲迷人眼，愿我简单的文字一扫你眼前污渍，让你的世界明亮如镜。

不舍让我觉得故事只讲了一半，愿下次的际遇让我能将故事讲完，再次感谢你让我孤寂的文字陪伴曾经孤寂的你。

图书在版编目（CIP）数据

又自在，又美丽 / 舒雅著 .—北京：
中国华侨出版社，2017.3
　ISBN 978-7-5113-6690-0

　Ⅰ.①又…　Ⅱ.①舒…　Ⅲ.①女性－人生哲学－通俗读物
Ⅳ.① B821-49

中国版本图书馆 CIP 数据核字（2017）第 033557 号

又自在，又美丽

著　　者 /	舒　雅
责任编辑 /	文　蕾
责任校对 /	高晓华
经　　销 /	新华书店
开　　本 /	670 毫米 ×960 毫米　1/16　印张 /16　字数 /247 千字
印　　刷 /	三河市华润印刷有限公司
版　　次 /	2017 年 5 月第 1 版　2017 年 5 月第 1 次印刷
书　　号 /	ISBN 978-7-5113-6690-0
定　　价 /	32.00 元

中国华侨出版社　北京市朝阳区静安里 26 号通成达大厦 3 层　邮编：100028
法律顾问：陈鹰律师事务所
编辑部：（010）64443056　　64443979
发行部：（010）64443051　　传真：（010）64439708
网　址：www.oveaschin.com
E-mail：oveaschin@sina.com